U0187705

Counterpunch

making type in the sixteenth century
designing typefaces now

FRED SMEIJERS

字腔字冲

16 世纪铸字到现代字体设计

[荷] 弗雷德 · 斯迈尔斯 著

第 2 版：修订和校正版
SECOND EDITION: revised and reset

文字设计译丛

译 | 税洋珊 刘钊 滕晓铂
审校 | 程训昌 姜兆勤

写给家父

和那些分享他们知识的曾经和现在的同事们

丛书编辑缘起

信息交流的速度随着科技的发展变得越来越快、越来越频繁，每一个个体都成了文字设计的亲历者，处理本土文字与其他文字的关系几乎成为设计界内外每一个人都会遇到的问题。

随着字体产业的高速发展，人们对文字的关注度越来越高。随之而来的是行业的发展，特别是全球字库和定制字体市场的快速成长，这些反作用于字体教育，就需要文字：设计从业者和教育者拥有互联网思维以及全球视野。中国的设计院校越来越重视与字体设计相关的教学，多家设计院校相继扩充了字体设计课程，成立了文字设计研究中心。

随着数字媒介的普及和大数据的基础性作用的提升，越来越多的文种被编码和开发，应用环境也越来越多元，文本编辑的复杂性和多样性在增加，这使得拉丁文字的设计方法和字体设计的通识方法引起包括院校、字库厂商、设计师、设计媒体，甚至使用全球字库的跨国企业的关注。

本套丛书的引进出版得益于 2015 年我受邀拜访拉丁字体设计的权威研究机构英国雷丁大学，参加了杰瑞 · 利奥尼达斯（Gerry Leonidas）教授主持的 TDi（字体设计高研班）夏季课程。其间利奥尼达斯教授对拉丁字体的深入研究和对全球字体发展的前瞻性眼光给我留下了深刻印象。就是那个夏天，我们在雷丁大学 TDi 的教室里与利奥尼达斯教授商讨，为中国字体界列出文字设计的通识书单，从此开启了文字设计“西学东渐”的漫漫长路。我们的宗旨是让中国本土的设计师在日新月异的技术和人文环境下，开拓中文及中国非汉字字体设计的视野和方法。这也就是“文字设计译丛”的缘起。

刘钊

2020 年 9 月

“文字设计译丛”编委会

编委会

胡雪琴　中央美术学院副教授，博士，硕士研究生导师，中央美术学院城市视觉文化研究所副主任。

周博　中央美术学院副教授，博士。

吴帆　美国耶鲁大学艺术学院平面设计硕士，中央美术学院副教授。

吴轶博　设计学博士，教授，硕士研究生导师，吉林艺术学院设计学院视觉传达系主任。

王静艳　上海美术学院字体工作室负责人，博士，副教授，硕士研究生导师，中央美术学院中国文字艺术设计研究中心研究员。

杜钦　同济大学设计创意学院助理教授，博士，中央美术学院中国文字艺术设计研究中心研究员。

陈永聪　国际标准化组织表意文字小组（ISO/IEC JTC1/SC2/WG2/IRG）专家（Authorized Expert）。

目录

丛书序一：用于全球视觉传达的文字设计知识

我们这个时代的主要挑战之一，就是我们的理念要适应这样一个信息传递日益紧密和越来越个人化的世界。令上一代人难以想象的是，这个新环境贯穿于我们的生活中：从学前教育到象牙塔的思想交流，从私人的日志到艺术家或知名人士的公开言论。视觉传达的专业从业者是这些文本的阅读者，也是这个变化过程的积极促成者。他们担任了从作者到发布者，从设计师到编辑，从排版工人到软件工程师，以及设计链上的其他工作，唯一不变的是使用的媒介一直在迅速发展。

在这种情况下，人们很容易认为新颖性是压倒一切的，尤其是许多新闻标题越来越关注年轻一代的习惯。然而，交流需求的吐故纳新和我们复杂的人口结构，意味着视觉传达设计的从业者必须深入了解各个类型的读者，以及支持人与文本互动的每一款字体。从这个角度来看，文字设计是一个包容的学科。它是一种为全社会服务，尊重并支持现有惯例，并促进发展和革新的学科。在这个意义上说，文字设计是人与社会活动的连接点：没有文字设计的话，我们的文化交流所依赖的文本将会很乏味。文字设计是用时间、空间和理念来调节人和组织的联系。

如此说来，文字设计也是一个与设计学和商学相关的学科。作为一个在所有人类活动中没有间断过的完整的元素，文字设计无法与世隔绝：它反映并传递了不同的社会价值观，并处于不断发现和整合的过程之中。每一代文字设计者都是在前一代人的实践成果上，根据科技、经济结构和社会价值观的变化不断地探索新的途径。

如此说来，视觉传达专业的设计师首先要学习的是过去与现在的实践经验，探索新的设计解决方案在现实世界中是如何形成的，以及随着时间的推移是如何被采用或舍弃的。我们要学会把握文化和社会关系的发展趋势，以及我们生产和消费文本的趋势，从根本上去除那些无足轻重的东西。实现这些目标最好的方式是，让那些颇具声誉的同行的探索和学识来引导我们的学习之旅。我认为精心挑选一套“文字设计译丛”这种远程协作的方式，将有助于人们理解文字设计学，为设计师的实践奠定坚实的基础，还可以让有经验的设计师进一步理解人们是如何交流的。

“文字设计译丛”看起来关注一个细分领域，即文字设计和字体设计，但其实它为视觉传达设计提供了极棒的训练。丛书里每一本书的主题都关注了一个不同的方面，并呈现了我们对科技、文化和形态关系的一种思想探索方式；每本书的内容都将有助于我们从更宽泛的角度思考问题，体会交流传达的各个面向中的传统、创新和创作的局限性。

这套丛书聚焦拉丁文，并带有欧洲人的文字设计史视角，却涵盖了对全球学生和专业人士都适用的基本知识。它应该会引发专业领域内更为广泛人群的兴趣，因为其中阐明了全球化文化的许多特征。这些书里富含的经验揭示了跨文化的洞见，强调了设计中的协作，同时提供了一个用于考察本土和地区差异的构架。

“文字设计译丛”涉及的主题源于不同国家的不同作者，均为独立构思成书。然而，当它们被放在一起时，就会增值：每一本书都阐明了文字设计不同方面的问题，组合在一起后会使有一定深度的专业知识更容易被理解，而这是单本书或某一位作者的著作很难实现的。从这个角度来说，这套丛书为视觉传达设计和文字设计提供了理想的基础知识，也开启了个人藏书的绝妙体验。

杰瑞·利奥尼达斯

2020年10月

丛书序二：赋予文本形象与生命力

2017 年 1 月的一天，刚下过雨的旧金山渔人码头有些寒冷，但此时我心中却有几分暖意。我约了萨姆纳 · 斯通（Sumner Stone）在这里吃饭。萨姆纳曾经是 Adobe 公司的字体设计部门总监。20 世纪八九十年代，在他的带领下，Adobe 将很多铅字与照排字体转化成数码字体，为出版与印刷、设计与传播的技术变革奠定了基石。1987 年，萨姆纳设计的 Stone 字体家族是第一款完全在计算机上设计的字体。1986 年，我还是耶鲁大学的研究生。我对字体设计的认识，对文字设计的热情，大多源于与萨姆纳的交往，源于他所设计的 Stone 字体，以及为 Adobe 字体做宣传设计的过程。要宣传推广字体，先要对字体本身有深刻的认识，对西方传统文字设计中的经典和文字应用规则精通，还要对现代文字设计趋势有一定的把握。可以说，萨姆纳是我在西文字体设计领域的启蒙者。

见到萨姆纳时，我很激动，岁月在他身上留下的是充满睿智的眼神和些许白发，那神清气爽的样子肯定来自练习太极。在整顿午饭的过程中，我们的话题始终围绕着字体设计。我告诉萨姆纳，在中国，如今也有很多人着迷于文字设计，不仅是对汉字字体设计，对西文字体设计同样充满了热情。我的很多学生在做字体设计的研究工作，或是专注于文字设计。我们都清楚，尽管传播的手段在改变，技术在发展，但作为信息传播最基本的介质——文字，却一直是人类文化中最为重要的元素！我们无法摆脱对字体设计的关注，处理好文字与图像、文字与内容的关系是设计师的基本职责，而设计教育的机构也应该将文字设计作为一门最基本的课程。

另外一位对我来说很重要的西文字体设计的启蒙者是马修·卡特（Matthew Carter），他是一位杰出的西文字体设计师，多年来在耶鲁大学教授字体设计。卡特常常让学生用两个星期的时间写几个字母，在不断修改的枯燥过程中培养学生对字的美感和结构的深刻认识。卡特的课程让我认识到，在西文字体中，有着与汉字同样的对结构、黑白布局、形式美感、细节和识别度的诉求；与视觉研习相对应的是对西文字体设计历史的追溯，每一款字体的产生都有其文化与技术背景，以及深深的时代烙印。

书法历来为中国文人所重视，人们对文字历来不缺乏关注。近年来，人们对印刷字体的关注应该就源自这样的传统，但我们对西文字体的设计一直缺乏深入了解。尽管从视觉的角度来看，西文字体在设计上与汉字有共通之处，但其所承载的文化与历史极为不同。几百年来形成的规矩、设计者与观者对其特殊的感受、字体自身的价值与其所呈现的符号意义，都有待中国设计师进一步去了解。

应对今天中国所涌现的对文字设计的热情，我很高兴地看到北京大学出版社的“文字设计译丛”问世。这套译丛由英国雷丁大学、中国中央美术学院和国际字体协会联合推荐。刘钊老师为此花费了很多心血。雷丁大学多年来始终是西方文字设计领域学术研究的重镇；国际字体协会是推动字体设计发展的组织，每年都会召开字体设计年会；中央美术学院设计学院十余年来为推动中国字体设计的研究与教学做了大量工作，形成了丰厚的学术积淀，培养了一批文字设计研究与实践人才。相信这套有分量、有水准的丛书，会对中国文字设计的发展起到重要的推动作用。

王敏

2018 年 9 月

致中国读者

人们通常把印刷术的发明与德国人约翰内斯·谷登堡（Johannes Gutenberg）的名字联系在一起。没有多少人知道，实际上是中国人最早把可以重复使用，进而组合成不同文本的活字用于印刷。这个谷登堡发明的基本原则之一，在他之前的几个世纪里，中国就已经在使用了。

谷登堡和中国人并不相识，两者在文化、地理以及年代上相距甚远。这样来比较没有任何意义，但有两件事很重要。中国人的确是最早使用印刷术的；但活字印刷却是在欧洲产生了深远的影响——它带来了如此巨大的变化，以至其影响遍及全世界。

正是因为它对世界产生的巨大的直接和间接影响，我们才继续关注印刷这一“黑色艺术”[*]。事实上，我为此书中文译本写下的这篇序，只是印刷术之影响的又一个微不足道但非常清晰的证据。

《字腔字冲：16世纪铸字到现代字体设计》（后文简称《字腔字冲》）的第一版出版于1996年。那时，文字设计和平面设计正处于从模拟向数字转变的过程中。如果当时我写一本“数字字体设计傻瓜书”，那它很可能会是一本畅销书，但是我没有。相反，我做了迥然不同的事。

我回到了字体设计的根源：谷登堡两代以后的1540年左右开始出现的字体字冲。我仔细观察了那个时代幸存下来的东

[*] 西方也将“black art”译为“魔法”。

西——我们可以使用的最古老的活版印刷的手工制品。这方面的文献极为有限。乍一看，它们似乎很广泛，也许在学术上也都是正确的，但这些文献不过是在不断地重复而已，根本性的东西很少被阐释，甚至无人触及。想要真正理解我所看到的文化遗产，唯一的解决办法就是亲自动手制作。我在尽可能与当时相同的技术条件下还原了他们所做的东西。因此，我成了一名实践型历史学家，或者说是历史学者式的实践者。《字腔字冲》是关于这些研究的第一份报告。

我对已知的事情并不感兴趣。我感兴趣的是写一些我不太确定的，也并未真正理解的，尽管事实上其立足于我的专业活动——字体设计与文字设计——的起点上的东西。

任何一种非手写的编排和再现书写信息的方法，都需要字母或符号的源头或原型。这个源头或原型可以是实际书写字母的一对一复刻版本。或者，如谷登堡和其后人在欧洲所做的那样，它也可以有自己的风格，使自己与实际的书写行为相脱离。在这里，我指的并不是再现这些字母所用的技巧，而是与它实际的形态相分离的它的外观。书写和印刷的文本看起来不一样，书写的字母和印刷字体亦不同。除了正在学习读写的小孩子之外，没有人对此有异议。

《字腔字冲》确实让我们更深入地了解了 5 个世纪前西方文明是如何形成这些源头或原型的，这本书很成功地做到了这一点。随着岁月的流逝，世界变得越来越数字化，人们对这本书的兴趣也越来越大。当然，这种兴趣与拉丁字母的影响力有关，拉丁字母并没有式微。你可以认为，正是由于数字技术，其力量才变得更强大。

在许多地方这本书已经绝版了，之后我们会再版，但现在绝版了。第二版被翻译成多国语言。今天，它也被译成中文引入了中国——活版印刷历史开始的地方。

弗雷德 · 斯迈尔斯

2020 年 11 月

推荐序一

本书是“文字设计译丛”中的一本，旨在支持文字设计和字体设计方面的教育和研究的发展。乍一看，《字腔字冲》似乎与中国读者无关，因为它的焦点相当明确地放在了 16 世纪的欧洲字体上。然而，事实远非如此。本丛书的择书标准是考察其是否有助于理解字体设计的历史背景，是否在与实践相关的讨论中引入了核心思想，以及是否能为我们的学科写作提供范式。基于这些标准，《字腔字冲》不仅相当契合，而且位于该书库的核心。它提供了利用档案材料进行研究的模式，记录了工艺流程的重现过程，并将物证和专业制作者的技能串联了起来。来自普朗坦 – 莫雷蒂斯博物馆（Plantin-Moretus Museum）档案的材料，以及莫克森（Moxon）和富尼耶（Fournier）的历史手册，都是通过工艺知识和矫正视角来考察历史的。通过对工具和技术的调查研究，向历史对象提出问题，并检验关于制造的陈述，这种能力在字体设计中是无与伦比的。

《字腔字冲》在做到这一切的同时，还能兼顾字体设计中关于字形起源的论述，以及字体在连续阅读的要求下成为尚可的、适合的，甚至优秀的选择所必备的要素。而且，它为写作和视觉记录研究提供了一个很好的与具体主题无关的模型。它还做到了让从业者易于理解，但不简化论述或略去关键思想，从而展示了如何在高水平地撰写专业课题的同时，保证适宜广大读者阅读。

《字腔字冲》是在更广泛的文字设计领域讨论技术和形

式之间相互作用的关键文本。它确认了字冲以及延伸出的字腔字冲的作用，使字体设计成为三维空间内的增减过程，而非二维平面内的标记、描画。这是理解字体设计所特有的设计参数的一个核心要素，这个要素将字体设计与绘制文字和书法区分开来：设计过程应当采用适应最终形式视觉大小的技术，该技术应当与调整和修正的过程契合，以保持文字设计的版面肌理。

此外，《字腔字冲》讨论了字冲和字腔字冲在字体铸造中的作用，突出了字体铸造的高度模块化。这种模块化不仅是可能的，而且从效率的角度来看也是可取的，并且对理解在材料资源代表着大量投资的环境中进行的排版业务至关重要。更值得注意的是，对字冲和字腔字冲的细致讨论表明，利用模块化工艺创造排版形式是可能的，而且看上去并不像是用模块构造出来的。在这方面，本书间接地对当前字体设计应用中存在的缺点，以及人们对可见形式和铸造过程之间关系所持的根深蒂固的、有偏见的假设，提供了清醒而又具有启发性的评论。

即使仅出于最后这个原因，《字腔字冲》也值得对文字设计和任何与当前设计实践相关的工艺技能感兴趣的设计师、教育者和研究者阅读。

杰瑞·利奥尼达斯

2020 年 11 月

推荐序二：请循其本

专业人员都知道，铅活字一般是由凹陷的铜模铸造而成的。而铜模当中有一种是通过冲压方式制成的，那么就必然要有冲压工具“字冲”了，如此也就要组合运用刻刀和锉刀来制作凸起形态的字冲。交合的文字曲线会形成狭小的闭合空间，也就是“字腔”。大家可以想象一下，在字冲上凸起的曲线交合所形成的字腔当然又是凹陷的了。凹陷的字腔是可以凿刻出来的，但在钢材上凿刻一个凹陷的尺寸微小的字腔，还要保证相关的字母形态具有精密的一致性，是十分困难的事情。于是有了可以选择的另一道工序，那就是制作“字腔字冲”。这是 16 世纪西方活字工艺前辈们的发明。

400 多年后，本书作者弗雷德 · 斯迈尔斯以身体力行的方式去探索、再现字冲制作的历史，不为了伤感与怀旧，而是为了与工艺前辈们实现跨时空的对话，进而深入探讨西文字体设计的基本问题。本书以字冲为独特的楔子，带领读者廓清关于字体设计的层层雾障。

我们的时代早已是数字化信息时代了，甚至有人忙不迭地提出“后信息时代”的概念，可见科技对人类文明的推动是何等威猛。然而，文字作为人类社会文明发展如影随形的基石，与飞速发展的时代相比，却具有相当强的稳定性。举例来说，从甲骨文算起，汉字已绵延三四千年的历史。后起的文字，总是建立在前时代已有的文字基础之上，所谓“孳乳浸多”。我们中国人现在通用的楷书已有 1800 多年的历史。拉丁字母远溯也有 2700 多年的历史，18 世纪拉丁字母的标准开始与现代相同，已经稳定 300 多年了。

文字是语言的视觉形式，而事物一旦要诉诸视觉，就必然与工具、载体和人产生联系。为什么汉字的书法能够成为世界上独一无二的艺术？为什么千百年来汉字的文本从上到下排列，却几乎在某个时刻改变为从左往右排列？为什么大量的书籍正文采用宋体？为什么英文书籍的正文多采用衬线体？为什么有的字体让人觉得冷酷，有的字体却又令人倍感温暖？……字体拥有不容分辩的文化属性。在每一种文字的字体当中都隐秘地孑遗着大量的信息，这些都是无数前人智慧和匠心的凝聚。

《庄子》中有语，“请循其本”。不只是形式的美或技艺的神奇令人着迷，那些逝去的文明就像闪烁的星辰，似乎在给我们指引着什么。

仇寅

2020 年 12 月

前言与致谢

现在，似乎一切皆有可能。在我们生活的世界里，时间、距离和生产环境似乎已经不再重要。但正因为如此，我们需要回顾过去，与我们的前辈对话。对话的方式就是按照他们曾做过的方式再做一遍。只有这样，我们才有机会像他们那样思考，然后才会有些比较的基础。当与前辈们站在相同立场上时，你才能明确自己的立场、判断进展或者发现在此期间遗漏了什么。像这样与过去的同行对话，无关于伤感、怀旧和对工艺的无用探索。相反，它与知识的溯源有关，这些知识可以作为我们自己和我们的技术成就的一面镜子。因此，对过去前辈所做的事的诚实评估，无论现在还是将来，都是寻求相关领域改进的一个重要的步骤。

本书并不想把历史梳理得井井有条，也不会列出所有事实。相反，本书试图透过并超越这些历史细节，看到这个领域中哪些事物之间具有基础和持久的相关性。所以，这本书并不是为历史学家撰写的，尽管这并不妨碍他们阅读本书，而是为字体的创造者和使用者撰写的。我希望不只是字体设计师和传统的活版排印师，而是所有对字体有兴趣的人都能读懂这本书。本书的部分内容甚至可能让那些非平面设计专业、仅用个人电脑和激光打印机排版的人受益。

本书前几章是对印刷字体和字母的思考和概述，之后是对其历史的介绍，有些内容在其他书中也可以找到。特别的是，本书中有一部分内容介绍了1520年至1600年间法国和佛兰芒（Flemish）的字冲雕刻师们的工作情况，以及他们如此工作的原因。本书从字冲雕刻的实践中吸取了一些教训，进而探讨了目前的字体设计中存在的一些问题。最后，本书总结了目前为止技术解放真正取得的成就。

在写作本书第二版的时候，我抵挡住了诱惑，并没有把我从 1996 年第一版出版以来了解到的有关 16 世纪字冲的所有知识都囊括进来，只做了必要的修订与内容更新，包括增加了一些新的图片。但是我们重新调整了整本书，并使用了一款新的字体。

在对本书出版予以支持的所有人当中，首先我最要感谢的是我的编辑罗宾·金罗斯（Robin Kinross）。如果没有他的主动、信任，尤其是耐心，这本书将无法出版。在本书第一版的出版过程中，最应该感谢的是弗朗索瓦丝·贝尔塞里克（Françoise Berserik）和彼得·保罗·克洛斯特尔曼（Peter Paul Kloosterman），还要感谢吕塞·范阿尔芬（Luce van Alphen）、埃里克·范布洛克兰德（Erik van Blokland）、耶莱·博斯马（Jelle Bosma）、马修·卡特、简·霍华德（Jane Howard）、约塞·兰亨（Josée Langen）、马蒂厄·洛门（Mathieu Lommen）、马尔廷·马约尔（Martin Majoor）、詹姆斯·莫斯利（James Mosley），之后的保罗·斯蒂夫（Paul Stiff）、埃里克·福斯（Erik Vos）、马尔赫雷特·温德霍尔斯特（Margreet Windhorst）也提供了很重要的帮助。亨克·德罗斯特（Henk Drost）和克里斯蒂安·帕皮（Christian Paput）慷慨地提供了有关字冲雕刻传统的详细资料。在修订本书第二版的文本时，约翰·唐纳（John Downer）的建议很有价值。本书第二版由科丽娜·科托罗拜（Corina Cotorobai）设计和排版，是她的努力和温柔施压使想法变成了现实。

关于复制资料的权限，感谢马修 · 卡特允许我再版他父亲哈里 · 卡特（Harry Carter）翻译和编辑的《富尼耶》（*Fournier*）版本中的段落。其他致谢内容见本书第 222 页至 224 页，同时提供了插图的确切来源。最后，我要特别感谢普朗坦 – 莫雷蒂斯博物馆，不仅允许我复制其藏品，而且对我在本书中进行的大量历史研究给予了有力的支持。

弗雷德 · 斯迈尔斯

安特卫普

2011 年 6 月

基本要素

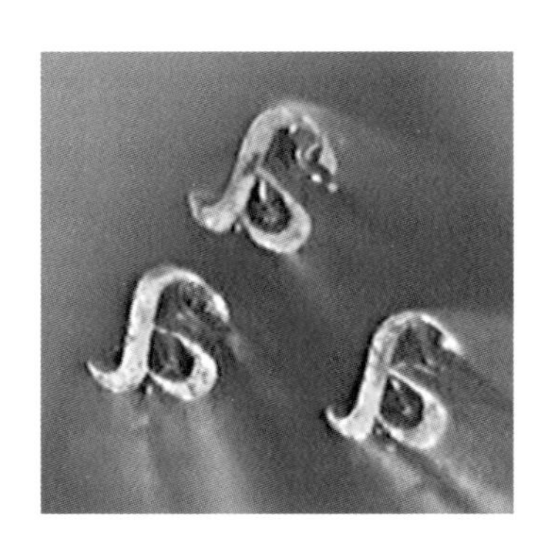

这三个小写字母 a 属于同一组字冲。为什么字冲雕刻师要做三个呢？也许是因为它容易折断？我不这样认为。小写字母 i 在敲击时圆点处往往更容易折断，但我们在历史上任何一套字冲里都没有发现过两个 i。我想原因可能是：字冲雕刻师就是喜欢做这些 a，就像现在有些年轻的字体设计师喜欢在空闲的时候（等待打印，或者打一个很长的电话时）画个 a 一样。这三个字冲的制作者当时无法决定哪个最好，那么为什么不把三个都留下呢？

1 本书的由来

本书源于我在奥西（Océ）公司的研发部门做文字设计师的那些年。在 20 世纪 80 年代中期，这家荷兰的大型复印机公司独立研发了一种中型激光打印机。然后，奥西公司与其他公司一样开始意识到这台机器的主要产品将是等宽印刷字体排版的办公文档。但是，与其他很多制造商一样，奥西几乎没有任何文字设计知识或意识。于是，他们很快招聘了文字设计师为其工作。

在个人电脑和办公自动化的早期，奥西公司似乎是个很有趣的工作场所。然而，由于对技术型人才的需求，那里也是一个难以工作的地方。我工作内容的一部分就是减少技术人员和字体专家之间的分歧。技术人员往往只考虑数字，而平面设计师倾向于只考虑视觉形式和颜色。这两种人经常在交流中发生冲突，导致关系破裂。技术人员经常会问这样的问题：“为什么打印 Times 意大利体用 300 dpi 还不够？为什么那些衬线和细笔要那么细，简直荒谬！”或者：“字符是黑色的形吧？那为什么在 300 dpi 的分辨率下，字符之间的白空间突然这么重要了？”

我一遍又一遍地听到这样的问题，这让我非常沮丧。我无法给出适当的解释。我的设计师同事对那些工程师提出的愚蠢的问题经常呈现出一种敌对的态度。但这些问题其实并不愚蠢：从一个工程师的视角看，提出这些问题是可以理解的。而考虑到设计师的教育背景和责任，他们的观点同样是可以理解的。当你意识到你不能回答自己工作中简单的和基本的问题时——而且是一个工程师让你意识到这一点的时候——那是很难接受的。

我决定去寻找答案。已有的书籍里面几乎没有。那怎么办？从头开始。不是所有关于字体的问题都可以用扁头笔的知识解决。在写、凿、划、画之后，字冲登上历史舞台，但是我从未见过真正的字冲。我住在荷兰的埃因霍温：距离比利时的安特卫普的普朗坦 – 莫雷蒂斯博物馆只有一小时的车程，而且我知道我有可能在那里看到一些字冲。字冲雕刻是引致 450 年印刷字形发展的设计技术。普朗坦 – 莫雷蒂斯博物馆——2005 年被联合国教科文组织列入世界遗产名录——藏有迄今为止发现的最大规模的 16 世纪以来的字冲、铜模及相关文献，因此，我们可以使用（接触到）最古老的印刷材料。除此之外，当设计被转化为一种新的排版技术时，手工雕刻的字体经常被用作参考。当一个人长期从事与活版打交道的设计时，活版印刷的图片无疑是一种很好的参考。为了更好地了解当前技术中的典型问题，更明智的做法应当是尽可能多地去了解我们参考资料背后的技术。当我第一次低头浏览普朗坦 – 莫雷蒂斯博物馆的展柜时，我想：就是这些吗？这是所有的秘密所在吗？这是一项极其难以完成的任务吗？不，我不相信。金属是一种需要人付出极大耐心的材料。它可能需要很长时间，但也不难。我们试试看会发生什么。

于是我开始自己制作字冲。第一次的尝试不能更令人沮丧了。我对普朗坦 – 莫雷蒂斯博物馆的敬仰之情与日俱增。过了一段时间，我意识到我做不到：不是今天做不到，未来也不行。我唯一能做的就是求助于我的父亲。第二次世界大战后，14 岁的他进入了一家机床厂工作，在重建社会中发挥着作用。据我所知，但凡涉及金属或者机械方面，他好像就没有什么做不出来的、修不好的或解释不了的。最后，我说服了他陪我一起去普朗坦 –

莫雷蒂斯博物馆。

然而，我父亲对这些字冲完全不以为然。当我告诉他这些字冲大概制作于 16 世纪 60 年代，现在仍然没人确切地知道它们是如何被制作出来的，而且今天我们也不知道怎样将其复制出来，情况变得更糟糕了，他开始大笑起来。他不得不承认制造这些古董的人毫无疑问一定是优秀的工匠。然而，要声称今天无法复制这些字冲，也绝对是不真实的。他说，如果我想要字冲，他至少知道十几个人能做，包括他自己。他说他这辈子做过很多字冲或者类似字冲的东西。比如制作雪茄烟带的模切刀，它们经常有一些类似的讨厌的小卷片和小尖头。他说这话时，指了指箱子里的一个字冲，那是一个罗马体的小写 r。我父亲看到的当然与字体无关，它引发的是一个技术问题。这是字冲雕刻中经常出现的情况。很明显，字冲制作首先是关于技术和手工技巧的问题。

这次短暂的参观是一件好事。我父亲开始谈论钢材以及能用它来做什么：将其回火、淬火到各种温度。他告诉我关于字腔字冲的敲击方法，谈论锉刀、刻刀以及制作它们的方法，告诉我如何切割棱角，以及关于手工技巧的一切。但他从未刻过字。

现在我真正开始了，很快就进入了切割字冲的过程。在做了一些 x 高约 2 mm 的字冲之后，我决定把一些小钢卷碎片带到奥西的摄影部门，这些钢卷是在改进图形时用刻刀推字冲形成的。我对它们做了一些电子显微镜下的拍照和测量。当然，测量结果只是表示这些小钢卷的大小以及厚度的数据。但是，有了这些数据，加上一点点活版排印的历史，就可以回答一些来自工程师的问题，它们提供的信息比任何一本书都要清晰得多。

2　术语

本书使用的更多的技术术语将在出现时进行解释。其他术语如“衬线”（serif）或者“小写字母”（lowercase）的含义可以在任何词典中找到，如果在这里重复就显得很迂腐。但是在通用英语中，一些印刷类词汇和概念经常被混淆使用，我将在这里解释一下我对它们的理解。

“字符”（character）是一个含义范围很广的术语，包括我们指称的“字母”（letter）、“数字”（numeral）、标点符号以及人们可能在“字符集”（character set）中找到的所有其他符号。在计算机领域，“字符”仅表示码位，视觉可见的黑色的形是“数字轮廓”（glyph）。但在本书中，字符是指可见的符号。“figure”（数字）是与“numeral”表意相同的另一个术语。在讨论这些标记的外观时，我经常使用“形式”（form）和“形状”（shape）这两个词，有时两者之间有一些区别，尽管这很难确定。“字形”（letterform）也是一个有用的词，其含义是显而易见的。

关于术语“字体”，我习惯使用“type”和“typeface”而非现在很常见的“font”。这三个词的含义来自于本书主要议题的阐述过程。在活版印刷中，“type”是一块金属，在其一端的表面上，有一个字符的图形。术语“字体”（font）是指一套具有统一的视觉相似性的、字号一致的铅字。（“font”为美式英语，在英式英语中为“fount”。）字冲雕刻师会切割一派卡（pica）[1]的字体。即使是现在，人们也可以从幸存的铸字厂购买到12点（12 point）的“字体”（font）。这是“font”的最初含义，我认为最好保留其所描述的确切内容。

全套字号的铅字（types）—— 一套字体（fonts）—— 我们称为一个“字体”（typeface）。字体的概念是逐渐形成的。正如本书（第20章）所讨论的，在16世纪——而非更早——我们才看到字模之间开始结合，形成一致的、统一的概念形式。后来，字体的概念扩大到包括各种字符集：意大利体、小型大写（small capitals）、粗体、细体等。大约在20世纪初，字体成为商品，有了商业名称，以便于识别和销售。Garamond字体就是20世纪的产品，而非16世纪的。

“行距”（leading），就像“字体”（font）一样，是金属技术带来的混乱的遗留问题。它其实没有描述任何东西。我将避免使用这个术语，代之以“行增”（line increment）。这样做的优点是可以描述文本基线之间的距离，即详细描述文本排版时实际有用的量度。

[1] 派卡，印刷行业使用的长度单位，1派卡=12点。——译者注

Nederland & Europa

3.1　快速运笔而清晰显现的单词，每个字母的有效部分都是一笔完成的。例如，第一个 e 是由两笔组成的。

而 land 这个单词是一笔完成的。

land

3.2　这里显示了两种字母的表现方式。字母 a 是写成的：每个有效部分都是一笔完成的。书写非常直接，且无法修正。字母 g 是绘成的：其轮廓由紧密相连的许多线条构成。绘制需要花费更多时间来慢慢斟酌和检查字母形式的变化。

3 表现字母的三种方式

字母主要有三种类型：写成的、画成的或绘制的以及印成的。它们遵循各自的产生方法，并由之定义，即书写、绘制以及产生印刷字母的所有方法。这种严格划分背后所隐含的复杂性，尤其是第二种类型，随后将加以解释。

书写的字母只能在书写的过程中使用：字母的产生和使用是同步的。如果我写下来一些字母并复印，再把这些字母裁切、粘贴在一起，那这个过程就远离了书写，成为绘制。只有当你用手（或者身体的其他部位）书写字母，并且字母的每个有效部分都是一笔写成时，才能称作书写。在书写的过程中，整个字母，甚至整个单词，都是一笔而成的 [3.1, 3.2]。这个过程不仅限于笔和纸。你可以用刷子在石头上书写，或者用一根棍子在海滩的沙子上书写，或者，如果需要的话，用你的鼻尖在生日蛋糕的鲜奶油上书写。所以，这个用身体的某个部位一次性完成字母的过程就是书写。请勿将其称为文字设计，因为这个过程只是碰巧用到了字母。

绘制比书写前进了一大步。绘制文本的过程中，你始终在使用画成的字母。这些字母的有效部分需要多个笔画描绘。“画成的字母”这个词组又让我们想到了笔和纸。绘制文本的尺寸当然可以比人在纸上画出的字形大很多，它同样适用于建筑物上的大型霓虹灯字母。刻在墓碑上的字母也是绘制文字。一次凿刻不可能将整个字母或者字母的有效部分雕刻完成。当然，你可以通过一个肢体动作划出一个字母，但那应该被称为书写。

send you with separate post. The students'
works you see in it were done during the
same period, when the Bauhaus was in Des-
sau. But they are much better, more serious
than the Bauhaus works. Above all they are
more fundamental, the approach is «modern»
and timeless. There is an idea behind it's
curriculum. The man who was responsible

Not very encouraging news,
I am afraid; I spoke to Harm: whilst they
were very keen on the project before he
spoke to us about it, somebody 'put the
lid on it' (as Harm said) + he is busily
trying to take it off again.
This means inevitably long
delay (profuse apologies from HZ) and
he puts his chances of success at
this moment no higher than 20-25%.

3.3—3.4　两个书写文本的范例。第一个［3.3］是由富有经验的人在保持一定速度的前提下写出的经典人文型意大利体（classical humanist italic）。第二个［3.4］是一个非常常见的涂鸦：一种短暂的、个人化的记录。

绘制和书写的另一个巨大区别是书写没有改正的机会。绘制的主要特征之一便是具有应需的重新审视和反复修正的可能性。

与书写相比，绘制似乎与印刷有更多的共同点，因为很多绘制文本作品中的字形看起来非常像印刷字体，但这其实是一种错误的联系。绘制确实介于书写和印刷之间，但这仅是因为你可以移动绘成的字母。比如，转印字母属于绘制字母，但它会看起来像“印刷的”字母。即使从一页 Helvetica 字体的转印纸[❧]上拓出“印刷”这个词，也与印刷无关。绘制与书写也没有关系，这些字母是画成的而非写成的。在训练有素者的笔下，单词及字母可以绘制得像印刷的一样，但是调整字间和对齐字母是由人工完成的，而这正是绘制的关键过程。

在活字排版印刷中，单词的组合以及字母的制作都是由机器来控制的。即使最简单的金属活字手工排版也是如此。铅字字身和铅空确保了机器制造的量度，包括作为排版基本装备的手盘（setting-stick）。这个系统扩展到了词以外的行、栏和页。显现（即在印制时可见）元素的大小和位置可以被精确指定，这是通过特定于某个排版机器的测量系统或更通用的系统来完成的。正如“指定”一词所示，这些排版信息可以给其他人用，而且排版过程可以在其他场合精准重复。这两件事对印刷来说是很自然的，但对书写和绘制来说基本不可能。

书写、绘制和印刷之间实际上几乎没有共同点，只是这三种过程都使用到了我们称为字母的符号。每一个过程都给它的

❧ 详情见《文本造型》第 167 页。——译者注

呈现提供了一定的可见字符，并且这三种呈现的过程都受到人类感知系统的限制。当然，书写和绘制也会受到书写者或绘制者手工技能的限制。

这三种方式可能不是绝对分开的。随着经验的积累，你会发现越来越多的特例。下一章将进一步阐释印刷字符和其他字符之间的区别。所以，绝对的或信仰般的定义并不是重点。但这些定义可作为工作指南，作为我们理解基本要素的一种方式。

每种表现形式都有其自身的环境和特征、范围和限制、自由和历史。所有这些事情都应该被理解和考虑在内。我认为这三种表现形式不应该被混为一谈，至少都不该被忽视。

A new printing type

3.5—3.6　两个绘制文本的范例。一个［3.5］由 W. A. 德威金斯（W. A. Dwiggins）创作，最大限度地呈现了绘制赋予的重新审视和反复修正的可能性，而其成果非常类似于印刷文本。另一个［3.6］由伊姆赖 · 赖因奈尔（Imre Reiner）创作，是一种纯粹的绘制文字，并不想与其他任何一种表现方式相似。

3.7—3.8 两个印刷文本的范例。第一个［3.7］是由亨德里克·范登基尔（Hendrik van den Keere）制成的 Civilité 体：模仿当时的文雅笔迹（约 1570 年）。第二个［3.8］是乔纳森·赫夫勒（Jonathan Hoefler）的 Egiziano Filigree 体，显然想要模仿 19 世纪的商业手绘字体。两者完全是印刷字体：只要给出正确的规范，这两个范例中的文本设置就可以被精准重复。也只有通过这一点，才能将印刷与书写和绘制区分开。范登基尔插图中文本的译文，参见本书附录第 215 页。

4　字体：黑白游戏

正如上一章所示，只有一部分字母是印刷字母。现在的字体看起来几乎可以像任何东西，没有规则。你无法通过其形式、应用或处理来识别其类型。但印刷字母有别于其他类型的字母——这一直都是事实——它的目的是复制，以及为形成单词而设计。这种形成单词的方式就像一个预制过程。印刷字母是机械制造、机械呈现、机械复制的字母，无论其呈现为数字形式还是其他任何形式。手动打字机可能是最简单的印刷机器。以上是目前唯一可能的"字体"（type）的定义，但也许它将始终是唯一可能的定义。有些读者可能会觉得这太简单了。但我不知道是否会有更好的"字体"（type）的定义可以涵盖其当下的和过去的发展。

是什么让一个字母成为字母，一个单词成为单词？这是一个古老的故事，我们难免要一遍遍地讲述它。这完全取决于对字母之间和字母内部形状的认识和尊重。白色的形是背景，黑色的形是前景。背景构成前景，反之亦然。改变其中一个，你也就改变了另一个 [4.1]。这真是一场黑白游戏。

你要学会这个游戏规则，首先要学会观察字符的内部空间：字腔。它们在视觉值上必须相等 [4.2, 4.3]。例如，n 的字腔必须与 m 的字腔相当。字符本身并不是很有意义，所以我们要将它们组合在一起生成单词。这时我们必须处理另一个问题：被称为字母间的白空间。这些白空间必须相互平衡，同时与字符的内白保持平衡 [4.4]。这样做，你就可以创建一个可接受的单词图像。

4.1 如果不更改背景，就无法更改前景。它们是一个整体。

我们在这里讨论的是一个基本的设计原则：创造、测试，并在必要时重新调整秩序。在平面设计和文字设计中，这个秩序从单词图像开始。每个平面设计专业的学生都需要意识到这一点，当然是在使用现在的软件时。用扁头笔书写是必不可少的基础：不是出于某种模糊的传统观念或者质朴的责任感，而是因为没有更直接的方式可以让学生掌握这个基本的设计原则。使用扁头笔书写有助于培养学生对二维空间和视觉节奏的意识，这种意识独立于时间、风格和技术。

无论使用何种技术，在前景和背景中创建秩序的基本原则适用于所有可视化的信息。设计的字符越正式，这个原则就越正确。如果视觉形式和内容非常随意，这个原则就可能变得不那么合适。举两个很常见的例子：机场的标志系统必须非常清晰，因此其字符必须非常正式；尽管我是一名字体设计师，但是我的购物清单可能只是一页潦草的涂鸦。

无论何时做或怎样做，你对这种平衡原则的遵守越少，其成果就越不清晰 [4.5]。对这一点的忽视意味着许多信息看起来很正式却不易读：看起来和读起来都很尴尬。没人对此有所抱

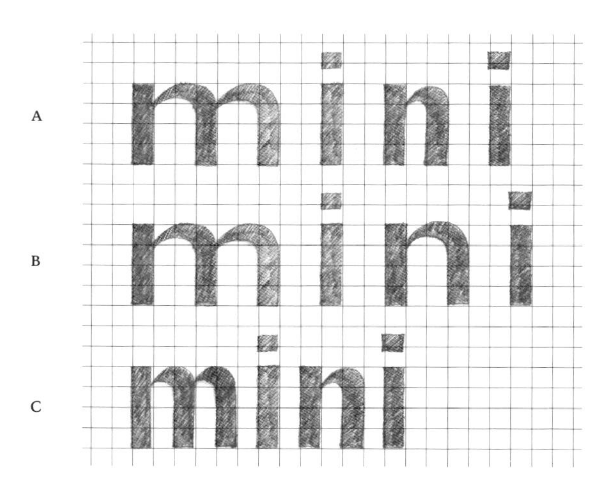

4.2 在图 A 中，我们看到一个扭曲的单词图像。n 的字腔太小了。如果我们想要改进它，结果会如图 B 所示。再看图 A，也可能有人会认为 m 的字腔与 n 的字腔比，有些过宽了。我们把 m 的字腔变窄后，就得到了图 C。

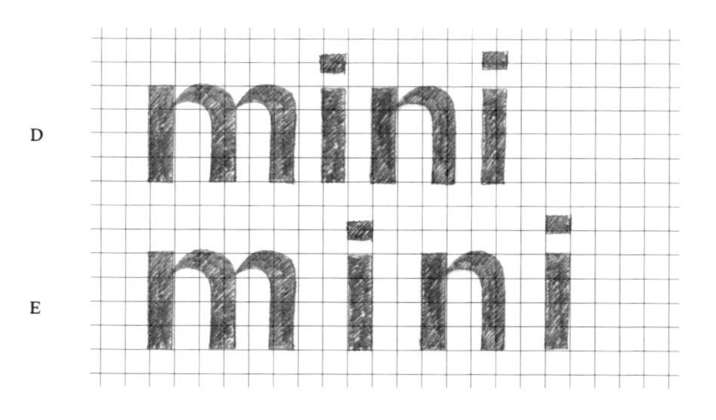

4.3 图 D 和图 E 揭示了另一个问题。两者使用相同的字符，但它们形成的单词的长度差别很大。图 D 字符间的白空间很窄，但与字腔相对比是可接受的。图 E 字符之间的间距或多些或少些，与字腔比较接近。图 D 在目前这个字号的显示效果很好，而图 E 在使用小字号时的显示效果更佳。

minim um

Jo hann H erder fi rst proc laim ed in 1772 t hat t he basis of a natio n was a la ngu age wit h its o ral, tra di- tio na l so ngs a nd sto ries. If t here is a la ngu age, t hen it m ust be writte n dow n, give n a n a lp ha bet a nd

m i nim um

sta ndardized by deli berate s electio n from all its local varia nts. A dictio nary m ust be writte n, a nd grammar m ust be provided for t he c hildre n. A his- to ry of t he people m ust be com piled. Folk-tales

minimum

and poetry must be collected and published to lay the base for a modern culture – or for a 'national intelligentsia' which will go on to compose a national literature.

4.4　顶部文本：一种令人非常不适的文字排列。字符的内部白空间（字腔）和字符之间的白空间不断变化，笔画的粗细也没有规律。

第二段文本乍一看效果更好。现在字腔大小是和谐统一的，字重不再有明显的差异，但字符之间的白空间不平衡，因此阅读这样的文本仍然是一项艰巨的任务。

在第三段范例中，字符之间的白空间得到了改进：文本易于眼睛的浏览，因此易于阅读。如果我们想让文本清晰易读，就必须遵守一些基本的视知觉法则。但如果我们想激怒别人，我们正好知道了该怎么做。

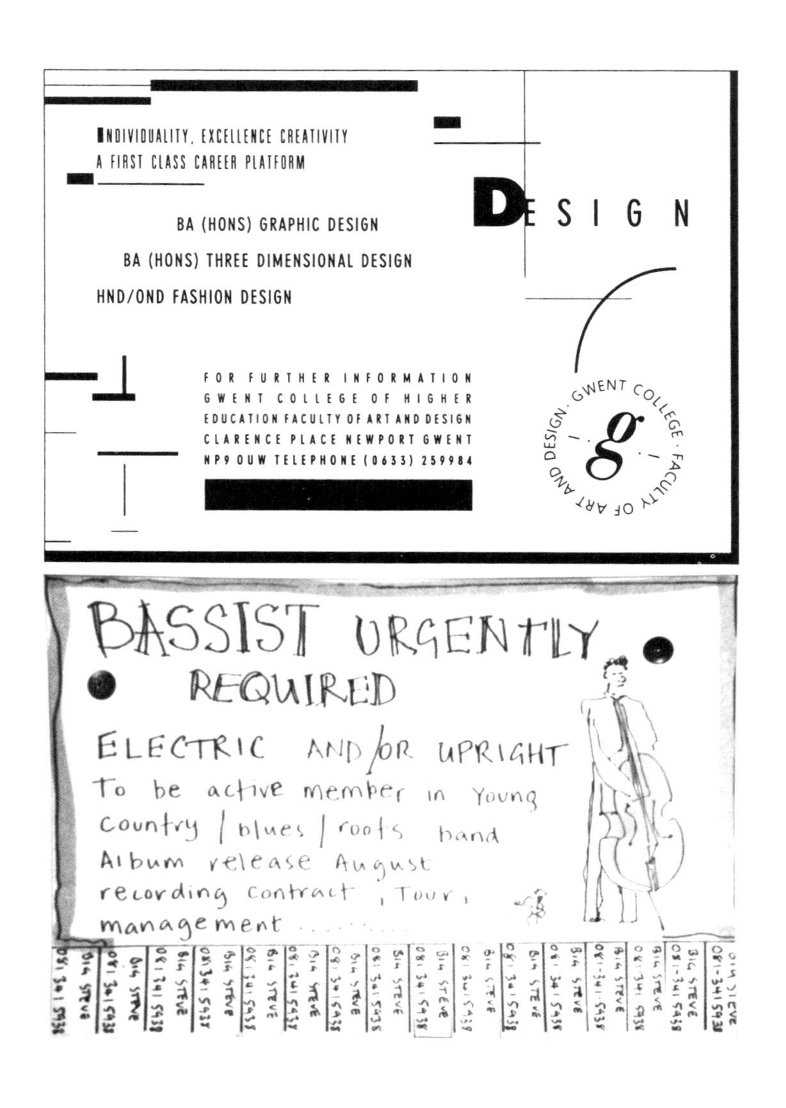

4.5 这两组图像承载了类似的信息。一个是用电脑制作的，另一个只使用了钢笔和剪刀。一个设计很糟糕（找不出邮政编码！），而另一个很好。视觉效果并非依赖于技术。

怨，因为它乍看上去似乎很合理。但事实上，我们在这里看到的是类似于我的购物清单这样的东西，只是用正式手段进行的涂鸦。这条信息的创造者似乎认为信息的质量是以其生产手段为基础的。因此，认为铅笔手写的信息传达效果总是不如真正的排版作品，这是不对的。视觉信息的质量首先是适当配置的问题，而不是某种生产技术的结果。

适当配置或整体视觉布局的基础是单词的设计。这个设计要素曾经是大多数人无法企及的，在材料上也比现在更加固定。多年来，关于人们应如何对待单词的知识——或无知——并未发生太大变化。对字体的滥用与计算机和桌面出版软件没有什么直接关系，但现在任何人都能很容易地改变单词图像的质量。任何人，无论以何种方式，只要他们使用已有的字母，为语言赋予一种视觉形式，就是在设计单词。通过运用字母之间和单词之间的白空间的所有可能性，用户将改变单词图像。最后，对设计字体的人来说，情况也是如此。尽管字体设计师的目标似乎是创造新的字符，但其真正目的其实是创建一个与现有单词图像质量不同的新的单词图像。

单词图像可以具有许多不同的性质。在这里，我们可以指出印刷字母和其他类型的字母在设计过程上的差异，例如文字标志、包装上的文字，或刻在石头上的铭文。当我们创造非字体的字符时，文本的信息内容必须是已知的。人们赋予给定单词以形式，从而创作永远不会改变的单词图像。你可以“简单”地只关注这个单词图像。而字体设计师没有这种给定的信息，他们的任务是确保无论用于呈现什么语言或单词，这些字符的效果都很好（并且，为了简单起见，这里不考虑字母的字号）。更具体地

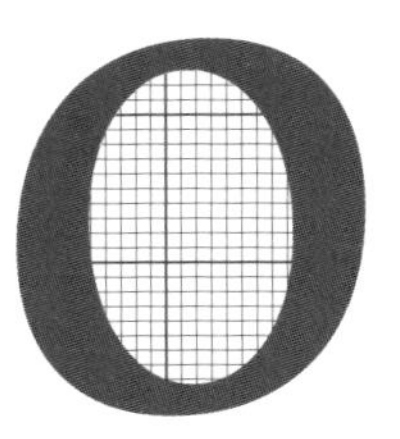

4.6　两个形状不同但大小相似的字腔：它们各自的面积约为 200 平方毫米。

说，无论出现什么样的字符组合，单词图像都必须达到良好或者至少是可接受的质量水平。印刷字体和其他字符之间的这种根本区别与第 3 章中的相关论述相联系。

为了解决字体设计的这个问题，我们回到黄金法则：字符之间的白空间与字符内的白空间应具有相同的视觉值。你很快就会发现这个白空间也是一个特定的表面积。麻烦的是，这个白空间必须适应不同的形状 [4.6]。这种形状的表面积通常难以计算。简而言之，字体设计师总是在估算这种不断变化的形状。当白空间的面积太大或太小时，它就会干扰单词图像。经验丰富的字体设计师对此有着敏锐的洞察力，他们总是不断搜索不完善之处并对其进行改进。

字符的内部空间可以划分为各种子类别。第一种是封闭的内白空间，即严格意义上的字腔，如“o”或“p”。第二种是半封闭式字腔，如“n”或“a”。第三种是开放式字腔，如“c”或“z”。将具有封闭或半封闭字腔的字符正确地邻接组合并不困难 [4.7, 4.8]。当这些形状非常简单且易于被感知时，处理起来当然是简单和容易的。但是，如果必须加入带有开放式字腔的字符

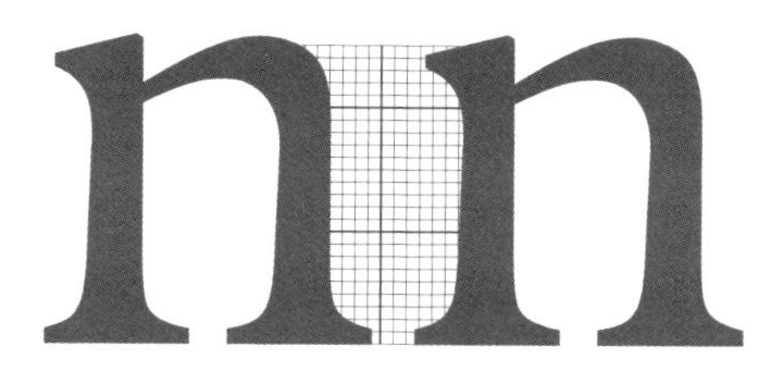

4.7 两个 n 之间的白空间在形状上与每个字符内的白空间不同，但其表面积也大约为 200 平方毫米。

4.8 在 n 旁边放一个 o。x 高和基线之间的两个深色区域标记了字符之间的白空间的上侧和下侧边界。在哪里划定边界是个人判断的问题。这些有争议的区域使得完美白空间的想法成为不可能。

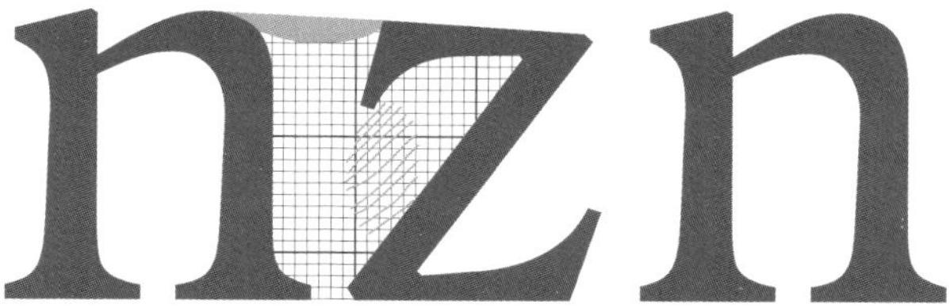

4.9 在 n 旁边放一个 z，就有进一步的问题了。z 从哪里开始？标阴影的空间指涉了一个双重功能区域。该区域包括 z 的内部和外部白空间。当然，衬线的存在让这个区域更小，也更明确。

时，事情就会变得困难多了。黄金法则在这里失效了，必须进行修改。

如果我们插入一个带有开放式字腔的字符，很快就会发现该字符的内部空间和与其相邻字符的间距之间没有明确的边界。这使得表面积难以估算。解决这个问题的方法是要理解相邻白空间的特定区域具有双重功能。这个区域既是内部空间也是外部空间［4.9］。这个双重功能区域位于边界，它不是固定的，其大小和位置会随着字符的放大或缩小而改变。每个人对这个区域的定义都会有所不同，所以它肯定不是客观准确的或不变的。

这些具有双重功能（和有争议）的区域在文本的单词图像中无处不在。衬线的重要性现在变得很明显。衬线帮助设计师和——我对此表示强烈怀疑——读者更准确和更容易地定义内部和外部空间。正因为这些区域，一个具有完美空间平衡的字体不存在，也不可能存在，任何制作这种字体的尝试都是在浪费时间。就算这是可能的，完美空间平衡的字符在视觉上也没什么意思。即使在专业字体设计中，这也不是需要讨论的问题。重要的是基于并运用这些不确定的缺陷来发展并找到良好的平衡。

归根结底，这就是制作单词图像所需的全部知识。这些知识就像一条看不见的线——事实上是非常明显——贯穿了整个印刷文字设计的历史。这段历史主要包括寻求平衡，以及如何重塑和重新定义平衡。

5 比较字体

比较字体很难，特别是对学生而言。“为什么这种字体的 a 比另一种字体的 a 更好？”这种问题几乎没有意义。字体是各部分的总和。对字体进行终极判断可能不现实，也不值得尝试，但我们至少可以弄清楚在研究字体时需要考虑哪些因素。

字体可分为两大类。有些字体具有引人注目的视觉效果：在阅读文本时，它们的作用更类似于插图。另一些字体只是在文本交流的层面上起作用。把这两类字体混在一起是毫无意义的。将标题字体 Mistral（罗歇·埃克斯科丰［Roger Excoffon］设计）与 Romanée 字体（扬·范克林彭［Jan van Krimpen］设计）进行比较是没有用的。我想讨论的是如何比较 Romanée 字体和 Plantin 字体。

比较具有强烈图形特征的字体可能要难于比较文本交流用的字体。将 Mistral 字体和内维尔·布罗迪（Neville Brody）的一款字体比较将是一个非常主观的事情［5.1］。人们可能只能说 Mistral 字体有一种新鲜的、活泼的、手绘的、属于其时代和地点（20 世纪 50 年代初的法国）的特征，而布罗迪的 Industria 字体可能会告诉人们，它是 20 世纪 80 年代伦敦最时尚的字体。尽管如此，也没有更多好说的了——或者，如果有，也不

内维尔·布罗迪，英国平面设计师。在 20 世纪 80 年代和 90 年代，这本书第一次出版时，他是英国在世的最著名的平面设计师之一。他还设计了一些其他的字体。——译者注

Aa Bb Cc Dd Ee Ff Gg Hh
Ii Jj Kk Ll Mm Nn
Oo Pp Qq Rr Ss Tt Uu
Vv Ww Xx Yy Zz
1 2 3 4 5 6 7 8 9 0

Aa Bb Cc Dd Ee Ff Gg Hh Ii
Jj Kk Ll Mm Nn Oo Pp Qq Rr
Ss Tt Uu Vv Ww Xx Yy Zz
1 2 3 4 5 6 7 8 9 0

5.1 具有时代气息的字体，是难以比较的字体：罗歇·埃克斯科丰的 Mistral 字体（法国，20 世纪 50 年代）和内维尔·布罗迪的 Industria 字体（伦敦，20 世纪 80 年代）。

在本书的讨论范围之内。

现在，所有这些可能都意味着，作为文本载体的字体已经不是个人品位的问题了。这当然不是真的。但这些字体确实为我们提供了一个可以进行理性的、客观的讨论的维度，这是因为对它们的恰当使用 ❥ 受到人类感知系统的制约。

我们无法准确得知一个人——“一个普通人”——怎样才会阅读得舒服，即使他们正在阅读的时候也不知道。如果字号太小，就会令读者在不断解读字符的过程中消耗过多的注意力。由于所有精力都放在了简单的看上，读者没有更多的力气再去理解文本的内容。字体也可能会太窄或太宽。归根结底，这些维度都是由字腔决定的。太窄的字腔无法给读者足够的时间（几分之一秒）弄明白所看到的内容，可能会觉得看到的不是字母，而是一些条形码。而太宽的字体给了我们太多的时间，会让我们忘记刚刚读到的内容。这样，我们就必须再把读到的东西全部拼出来，才能获取信息。罗马体（Roman type）的字腔，会以一些平均值或常用数值来定义其高宽比。当然，在标题体排版中，这一比例的两个极端值可能相差很远。但是，对用于连续文本和严肃阅读的字体来说，字腔的高宽比不会有太大变化。这个比例随后成为字体设计师们不断争夺的战场。他们倾向于寻找最有效的字腔：尽可能高而窄。在保持充分的可读性的情况下，这可能导致一种在整个页面上占据最小空间的字体的产生。

❥ “恰当使用”指的是正文字体在文本传达中，一行里的字不能太多，否则不易读；或者字体不能太小或太大，也不能印成淡黄色等。“恰当”取决于我们的感官，因此是“感性的”——罗宾 · 金罗斯注。

Plantin word space

32 pt Plantin

Romanée word space

32 pt Romanée

Johann Herder first proclaimed in 1772 that the basis of a nation was a language with its oral, traditional songs and stories. If there is a language, then it must

12/16 Plantin

Johann Herder first proclaimed in 1772 that the basis of a nation was a language with its oral, traditional songs and stories. If there is a language, then it must be written down, given an alphabet and

12/16 Romanée

5.2　　按字体标示的字号进行比较，我们什么也看不出来；它仅仅揭示了设计比例上的差异。除了字体（尤其是那些常规字体）彼此不同，我们不能从中得出任何结论。

我认为，寻求完美的字腔是无用的。它已经被多次发现了。事实上，每当有人想寻找时，都会发现它。如果设计师是为普通读者服务，情况肯定如此。普通人的数量庞大：每个人都与他人不同，拥有不同的视力和不同的感知习惯。只有在设计师为类型非常特殊的读者（例如视力受损的人）或特定的生产或使用环境（低质量印刷、使用说明书）进行设计时，设计的限制才会变得清晰。但除此之外，你所面对的不是设计的局限性，而是在阅读距离为 40 厘米时，数百万人的感知能力所造成的局限性。

Plantin x x Romanée

32 pt Plantin & 38 pt Romanée

Johann Herder first proclaimed in 1772 that the basis of a nation was a language with its oral, traditional songs and stories. If there is a language, then it must

12/16 Plantin

Johann Herder first proclaimed in 1772 that the basis of a nation was a language with its oral, traditional songs and stories. If there is a language, then it must be written

13.8/16 Romanée

5.3 这才是真正需要的：用相同的 x 高来比较字体。从 12 点的 Plantin 字体开始，你会发现 Romanée 字体的标称字号必须是 13.8 点，才能达到与之相同的 x 高。比较这个字号下的同一文本集，你会发现 Romanée 字体的版面效率更高。

正文字体的比较通常是通过显示相同字号的小样本来进行：比如 12 点的 Plantin 体和 12 点的 Romanée 体 [5.2]。但这并不能说明什么。众所周知，字体的字号名称并不是其外观尺寸的精确描述。• 你可以使比较样本的大写字母高度相同，但即便如此也无济于事。这些字体的真正问题在于它们的视觉冲击力、强度以及在阅读字号上的舒适度。这才是你应该比较的。如果使大写字母的高度相等，那就可以比较大写字母。但是大写字母在阅读中并不那么重要。

• 西文字体的比对还要看 x 高，故作者有此论述。——译者注

Johann Herder first proclaimed in 1772 that the basis of a nation was a language with its oral, traditional songs and stories. If there is a language, then it must be written down, given an alphabet and standardized by deliberate

12/16 Plantin

Johann Herder first proclaimed in 1772 that the basis of a nation was a language with its oral, traditional songs and stories. If there is a language, then it must be written down, given an alphabet and standardized by deliberate

13.8/16 Romanée

5.4 决定文本设置是否良好有效的另一个因素是词间距。文本 5.2 和文本 5.3 都使用了 100 % 的词间距。在 Plantin 字体中，这太大了；而在 Romanée 字体中则是可以接受的。本范例的 Plantin 字体文本，词间距变为 80 %。

Johann Herder first proclaimed in 1772 that the basis of a nation was a language with its oral, traditional songs and stories. If there is a language, then it must be written down, given an alphabet and standardized by deliberate

12/15 Plantin

Johann Herder first proclaimed in 1772 that the basis of a nation was a language with its oral, traditional songs and stories. If there is a language, then it must be written down, given an alphabet and standardized by deliberate

13.8/16 Romanée

5.5 行增是设置文本的另一个重要因素。Plantin 字体可以用较小的行增，在上面的文本中它减少到了 15 点。这增加了每页的行数，从而提高了版面效率。若你想要充分研究版面效率，则必须去看另一本关于版式设计的书。

一个文本页面的效果很大程度上取决于字符在 x 高度上的状况，当然，还有设计师或排版者可以确定的所有变量（字间距、词间距、行增等）。如果将这些变量标准化，即不再需要考虑这些变量，就只剩下所谓的“x 高性能”了，正是它赋予了字体质量和用途。那么，要真正比较两种字体，就必须使 x 高相等 [5.3]，然后在同一层面上进行判断。这应该在阅读使用的字号范围内进行。你不能将字号放得过大，然后在脑海中想象它转换成阅读字号的效果。

进行测试，首先要打印出文本字体 x 高相等的样本段落。这需要在高分辨率的条件下进行：在照排机上而不是激光打印机上。现在开始观察。一种字体看起来比另一种更黑吗？这种黑度是如何实现的？细部够结实吗？还是太细了，在视觉上令人不快？文本的整体效果是否与相应的插图匹配？这些是我们首先应做的，也是必须要寻找的重要问题。然后，你可以继续比较上伸部与下伸部的效果，只需将相同的文本设置为相同的行长并使用相同的行增，也可以通过这种方式研究版面效率。所谓“效率”，我指的不仅仅是符合一定长度的字符数，还包括单词间距应该有多大？它们可能会被调整 [5.4]。文本设置的垂直维度也是与此相关的一部分。行与行之间需要多少空间才能使人阅读起来感到舒适？在给定的字号下，某些字体需要比其他字体更大的行增 [5.5]。当然，所有这些因素都是相互作用的。这样的测试是回答问题唯一合理的方法：哪种字体看起来最好？哪种字体的版面效率最高？

关于字体的评估不止于此。字体的质量还包括其他方面。另一个需要考虑的重要因素是字符集的完整性。字体中是否包含不等高数字、粗意大利体字母、小型大写字母、意大利体小型大写字母，是否具有足够的连字，足够的字偶间距等？然后你可能会问，当用于大字号时，它是否令人满意？它是否配备了合适的标题体版本？在 36 点的情况下你觉得它好看吗？是不是太弱了？还是太强，太僵硬了？现在我们又回到了个人品位的领域。

时代背景中的字冲雕刻

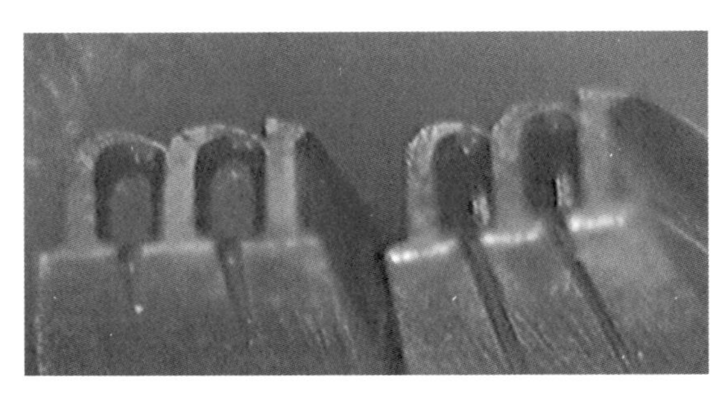

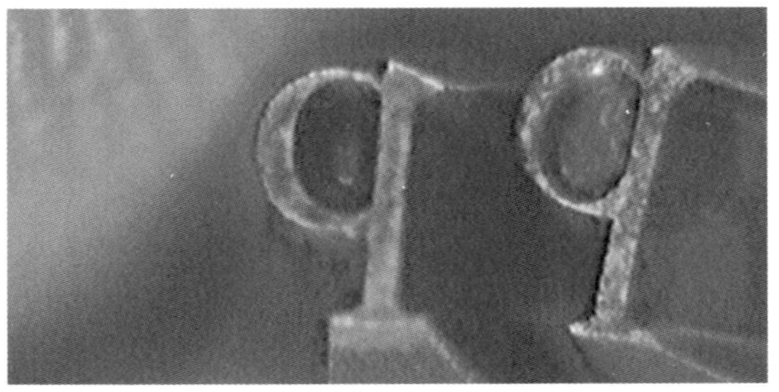

克劳德·加拉蒙（Claude Garamond，图中左侧字母 m 的设计者）和亨德里克·范登基尔（图中右侧字母 m 的设计者）的观念明显不同。这两个字冲属于同一套铅字，最初由克劳德·加拉蒙制作，之后由范登基尔改良。为了提高“版面利用率”，他缩短了上伸部和下伸部：如图所示的两个 p（范登基尔的在左，加拉蒙的在右）。但同时，范登基尔忍不住还缩短了一个小写字母 m。实际上这项工作并没有那么必要，因为需要改良的是 x 高上下的空间，即行增。还需要注意的是，这些字腔雕刻深度上的明显区别。

6 字母与意大利知识分子

最早用于排版印刷的字母似乎是非常正式的书写字母。这是合乎逻辑的：几乎没有其他可能。谷登堡从来没想过制作看起来像正式书写的字母之外的任何其他形式的字母。他的理想是让制作的活字与正式书写的文字别无二致。因此，印刷字体最初的制作目标与字体或设计毫无关系：它只与节省时间有关。活版排印的要点在于以比书写更快的速度多次复制书籍：不多不少，恰到好处。

大约在 1500 年左右，字体才被视为独立于书写，这主要发生在意大利。尽管当时的意大利人文主义者仍然认为字体与书写密切相关，但我们在他们的作品中第一次感受到了字体这一概念。我们可以将这种“概念”称为“设计”：一种对字母形式及其在页面上的排布的强烈意识。在 15 世纪 60 年代意大利第一台印刷机出现之前，意大利的人文主义就已经崭露头角。它的鼎盛时期，即我们称之为文艺复兴的时期，恰逢意大利活版排印的首次繁荣。

知识分子对活版排印的影响其实非常大。这些人文主义者就是印刷品的使用者，他们定义了活版排印背后的前提和假设。然而，这些前提只不过是一种基于某些错误的知识分子的流行样式。最主要的，为人所诟病的错误是：他们把在古典文学中看到的小写字母（minuscule letters、lowercase 或 small letters）当作典范并加以效仿。他们认为这是古代经典的书写，但实际上，这些文字是中世纪的抄本，是用我们称之为卡罗琳小写体（Carolingian minuscule）的字体书写的。

意大利文艺复兴时期的流行样式，导致人们过分渴望模仿和效仿那些被想象为古典的东西。意大利人文主义者没有完全继承传统，而是做出了自己的改进。他们当然尊重古典文化，但认为自己优于古典文化。人文主义者开始改进所有的古典文化的产物：建筑、雕塑、绘画、书写以及字形。想象中的优越感必须有地方来展现，这些改进实际上是人为的，而不是作为古典文化长期演变过程的一部分出现的发展。事实上，对字体的主要改进也就用了 50 年左右。

现在看看图 6.1 这份印刷样本。即使不知道这本书的书名，我们也能知道这一定是人文主义的文本。为什么呢？因为它使用的是新字母。或者更确切地说：这些现代人文主义者想象中的字母是古罗马时期的真实产物，但后来经过改进，变得比前人的那些作品更好了。

人文主义的字母带给我们一个谜题：贴在小写字母上的双衬线 [6.2]。如果要解开这个谜，我们必须继续研究并关注 1460 年至 1500 年间在意大利发生的事。哈里·卡特（Harry Carter）这样说："当印刷术被引入意大利时，人文主义者复制古典作品的手段已经达到了炉火纯青的地步，学者和建筑师们非常乐于从古罗马遗迹中收集碑文，并为复制这些文字**制定规则**。"他还引用了其中一位领导者的话："正如预期的那样，伊拉斯谟（Erasmus）[*] 已决定并宣布自己偏爱罗马字母。他称赞它为'一

[*] 伊拉斯谟是文艺复兴时期尼德兰（今荷兰和比利时）著名的人文主义思想家和神学家，为北方文艺复兴的代表人物。——译者注

Aldus Manutius Romanus Antonio
Codro Vrceo.S.P.D.

Colligimus nuper Codre doctiſſime quotquot habe-
re potuimus græcas epiſtolas, eáſque typis noſtris ex-
cuſas, duobus libris publicamus, præter multas illas Ba
ſilii. Gregorii, & Libanii, quas cũ primum fuerit facul-
tas, imprimendas domi ſeruamus. Auctores uero, quo
rum epiſtolas damus, ſunt numero circiter quĩq; & tri
ginta, ut in ipſis libris licet uidere. has ad te, qui & lati-
nas & græcas litteras in celeberrimo Bononiẽſi gymna
ſio publice profiteris, muneri mittimus, tum ut à te di
ſcipulis oſtẽdantur tuis, quo ad cultiores litteras capeſ
ſendas incendantur magis, tum ut apud te ſint Aldi tui
μνημόσυνον & pignus amoris. Vale Venetiis quinto-
decimo calendas maias M.ID.

6.1 阿尔杜斯 · 马努蒂乌斯（Aldus Manutius）的一本书的书摘。这个字体由意大利字冲雕刻师弗朗切斯科 · 格里福（Francesco Griffo）雕刻，是最重要的人文主义罗马体之一，也是 Monotype Bembo 字体的参考原型。〔《作家》（*Epistolea*），威尼斯，1499 年。〕

6.2 被人文主义者借鉴的小写字母（左），“改进”包括：使它看起来更细，赋予它双衬线，将它变成印刷字体（右）。但是真的有人能书写出右图的这种字母吗？它们并没有出现在任何著名的抄本中。

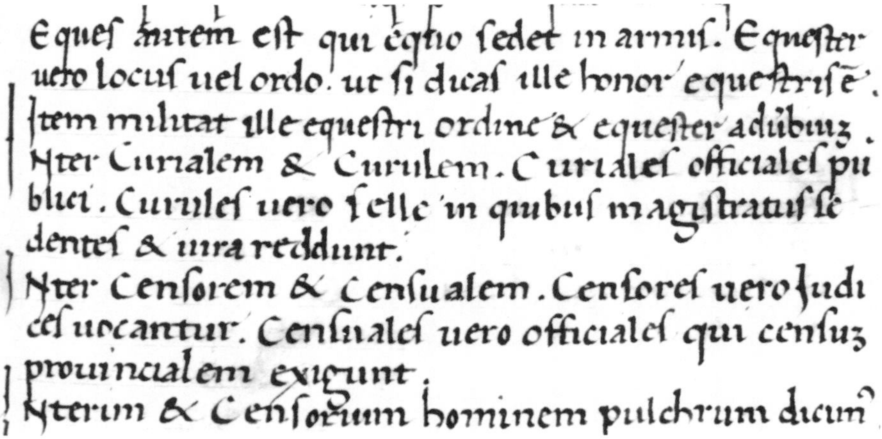
Eques autem est qui equo sedet in armis. Equester
uero locus uel ordo. ut si dicas ille honor equestris e.
Item militat ille equestri ordine & equester adubiuz.
Inter Curialem & Curulem. Curiales officiales pu
blici. Curules uero selle in quibus magistratus se
dentes & iura reddunt.
Inter Censorem & Censualem. Censores uero iudi
ces uocantur. Censuales uero officiales qui censuz
prouincialem exigunt.
Interim & Censorium hominem pulchrum dicim

6.3　　一份 15 世纪时意大利的普通小写字母文本。抄写员仅仅是把它写了出来，没费什么力气。现在它看起来很凌乱，但仍然非常容易阅读。在活版排印发明之前，这种书写质量很普遍。

种优雅的、清晰的、鲜明的书写体，**用拉丁字母元素表现拉丁词语**’。”* 这娓娓地告诉了我们人文主义字母观的倾向。我可以简而言之：意大利人文主义者是对新事物感兴趣的现代主义者，他们想要一些与众不同的东西。他们感觉自身在文化的方方面面都比过往更好，所以，他们的抄写员——书写并展现新文化的重要人物——开始（确切地说是突然地）抛弃老旧、沉重的手写体，创造出了沐浴着新思想的全新书写方式。由于人文主义者自认为是更大规模运动的一部分——或许他们是第一批真正的世界公民，

*　哈里 · 卡特：《关于早期活版排印的观点》（*A View of Early Typography*），第 70 页至第 78 页；文中粗体部分为本书作者所写。

De Confirmandis.　3
Spiritus ſanctus ſuperueniat in vos, & virtus Altiſſimi cuſtodiat vos à peccatis.
℟. Amen. Deinde signans se manu dextra a fronte ad pectus signo Crucis, dicit:
℣. Adiutorium noſtrum in nomine Domini.
℟. Qui fecit cœlum & terram.
℣. Domine exaudi orationem meam.

6.4　1651 年尼古拉 · 雅里（Nicolas Jarry）[1] 在法国书写的作品，与图 6.3 形成了鲜明的对比。如果没有印刷页面作为参照，不可能“手写”出这样的页面。

国界、文化特性和差异对他们来说都不构成障碍。这使得新字母很容易传遍整个欧洲，被各地接纳；并导致时至今日，在这个世界上的任何角落，我们似乎都无条件地赞美着我们所说的意大利文艺复兴。

看看人文主义者的手稿，它们确实像印刷出来的。我们想知道谁更早出现，是这些手写字母还是那些印刷字母？就算我们对行距或者行增似乎已非常熟悉。这就是我们处理多行字体的方式。正因如此，我们才能在博物馆或与文字相关的书籍的图片

[1] 尼古拉 · 雅里（1620—1670 年），17 世纪法国著名书法家。——译者注

中欣赏这些漂亮的排版式书写，它们在大约一百年之后达到顶峰[6.4]。这是来自历史的遥望。

这些人文主义字母通常是煞费苦心地用碎片黏合组成的。它们在书写与绘制的界限之间保持平衡。甚至为了把小写字母都理性化为几何形式，抄写员不得不与书写的本性或身体的生理结构抗争。

纯粹的罗马体是一种断笔手写体，主要由与基线垂直成90度的笔画构成。这种笔画看起来相当简单，却是最难书写的笔画之一。为了使书写更容易，抄写员可以做三件事 [6.5]。首先，加粗笔画。然后，让笔画彼此靠近，用前一个笔画作为参考和基准。接着，通过尽量减少中间直笔画的部分来避免书写垂直笔画这一棘手的问题。这样，你就得到了一个相当粗而窄的手写体：一个不能被视为由拉丁元素构成的手写体，正如伊拉斯谟所想的那样。当然，对于以阅读字号书写的庞大体量的文本来说，这些“把戏”非常实用，并且已经应用了几个世纪，直到遭受人文主义者们对版面灰度和笔画开放度的质疑。

在公元1500年以前，纯粹的正式手写罗马体很少见。而活版排印出现后，它似乎迫使抄写员的工作成果变得更加有序

6.5 在活版排印以前，出于实用和经济的原因，文本通常以肥大的“波浪状”方式书写。

和连贯了。人们可以发现其共同的历史进程。但如果你看的是大约在 1450 年至 1500 年之间的手稿，意大利的正式书写似乎正处于混乱之中：每个抄写员都有自己书写字符的方式。这方面的研究，除了参考用来装点我们的“印刷字体历史”书籍的少数人文主义手写样本，你还需要更进一步的探索。

例如，看看图 6.6 这张手稿。它看起来很人文主义，某些部分也确实是。但是仔细观察，你会看到不同时代元素的混合。手稿里面包含典型的文艺复兴时期罗马体大写字母，布局却是人文主义的：版面灰度相当低，行间距相当宽敞。小写字母的字重也较轻。但是，文本配下划线是中世纪的做法，同样来自中世纪的还有伦巴第大写字母 D [*]。

手稿中的小写字母向我们展示了一个引人入胜的谜。有些字母是纯粹的人文主义小写字母：p、d、q、b、g。但是如果我们看看 h、n、m、u，尤其是 r，我们将看到一种货真价实的哥特式草书字母：与版面灰度较浅，笔画空间开放的人文主义小写字母完全背道而驰 [6.7]。所有这些风格被混合在一起，形成了一个均衡的统一体。在推断出的历史中，此手稿应是不存在的。但实际上，它并不是特例。公元 1500 年之前，手写的世界享有极大的自由，而在那之后，人文主义法则下的“特例”仍然存在。

[*] 伦巴第大写字母是一种装饰性大写字母的名称，通常在中世纪手稿中作为一段文字的首字母。保罗 · 肖（Paul Shaw）将其描述为安色儿手写体（Uncial）的“亲戚”。——译者注

.IHS. XC.

GEORGII. TRAPEZVNTII. IN. OMNIA AR
TE. LIBERALI. CLARISSIMI. DE. QVATVOR
DECLINABILIBVS. PARTIBVS. EX. PRISCI-
ANO. COMPENDIVM. INCIPIT:
FELICITER.

DE PARTIBVS orationis breui compendio
ae de his potissimum: quae flectuntur Andrea
fili ad te scribere constitui. Nam quom ui
derem Latinam Linguam his iunioribus
gramatice magris corruere: nihil earum
nugarum: quas illi docent: tenello ingenio tuo proponendum
putaui: Et enim si quae a pueris nobis discuntur: ea fa
cile ad senectutem perueniunt: non est negligenda haec
aetas: nec obliuione digna sunt tradenda: sed quae non
poeniteat aetate grandiores a pueritia percepisse. Quae qu
om ita sint neque Prisciani exquisita uolumina pueris dan
da uideantur: compendium ex eo non paruo Labore con
fecimus: Quod si memoriae tradideris: optimos profecto
fructus: uberioresque concipies: Nam ut agricolae nisi semi
na curiose delegerint: agrumque probe coluerint: tempore
messis Lugeant necesse est. Sic nisi quis rudem animum bonis

6.6　这份手稿〔来自费拉拉（Ferrara），1475 年〕呈现出一种奇怪的元素混合：中世纪的网格线、人文主义大写字母、宽松的行间距、版面灰度相当低的文本块。甚至连字母本身也呈现出哥特式草书体（gothic cursive）与笔画细、空间开放的人文主义小写字母混合的面貌。各种成分顺利地融合在一起。理论上说这种混合物不应该存在，但人们常常在那个时期的手稿中发现它。

我们最熟悉的人文主义书籍多写于 1500 年左右，当时用于活版排印的罗马体已经在学术界大行其道。后来，印刷字体开始戳意大利抄写员的后背：“让我看看你能做些什么！”如果说“典型的人文主义手写体”在 1450 年真的非常普遍，那么我们可能会认为罗马体是从人文主义手写风格演变而来的，但事实似乎并非如此。典型的人文主义手写体出现得很晚：晚了大约三十年。抄写员与印刷工似乎是相互影响的，其结果是两个领域间的互相启发。

我们不得不假设，人文主义抄写员及其背后的知识分子精英对他们想让字母变成什么样几乎没有概念。他们花了相当长

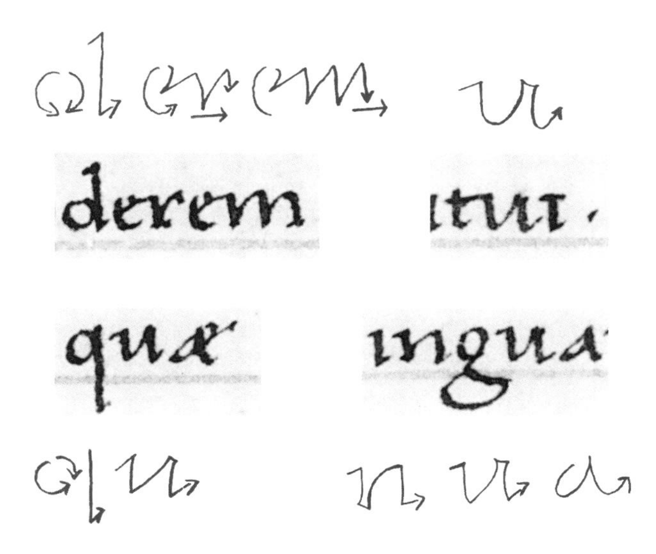

6.7 图 6.6 手稿中的细节。我们可以区分出构造字母的三种处理方式：哥特式草书（m、n、u）、意大利体（e、a）和人文主义断笔结构（d、q、g）。

的时间才解决构造理想字母的问题——假设这些问题能被解决。因此，当他们偏爱的文本，甚至自己的文本需要印刷时，他们仍旧没能设定出清晰的像 Textura 体和 Rotunda 体那样的字母标准。他们只能凑合着使用现成的产品 [6.8]。抄写员的质疑和优柔寡断导致了手写字母与其印刷表现之间的鸿沟。字体设计在这样的背景下应运而生。

Questio quinta de magia natu
rali et cabala hebreorum.

Q Uarta conclusio per istos dãnata fuit hec. NULLA
EST SCIENTIA QUE NOS MAGIS Cer
TIFICET DE DIUINITATE CHRISTI
QUAM MAGIA ET CABALA. hanc conclu
sioné ego declarando dixi ꝙ inter sciẽtias que ita sunt
sciẽtie ꝙ neq; ex modo procedendi. neq; ex suis princi
piis. neq; ex suis cõclusionibus innitũt reuelatis. nul
la est que nos magis certificet eo mõ quo de hoc certificare possũt scien
tie humanitatꝰ inuente ꝙ magia illa de qua ibi ponũt cõclusiones que

6.8 起初，意大利的人文主义者只能使用现成的产品，例如乔瓦尼·皮科·德拉米兰多拉（Giovanni Pico della Mirandola）为正文创作的这个 rotunda 体[1]。在阿尔杜斯·马努蒂乌斯制定出标准之前，典型的人文主义小写体经历了至少 30 年的实验。〔《辩解书》（*Apologia*），那不勒斯，1487 年。〕

[1] 中世纪的一种特殊的黑体，起源于加洛林小写体，主要应用于南欧。——译者注

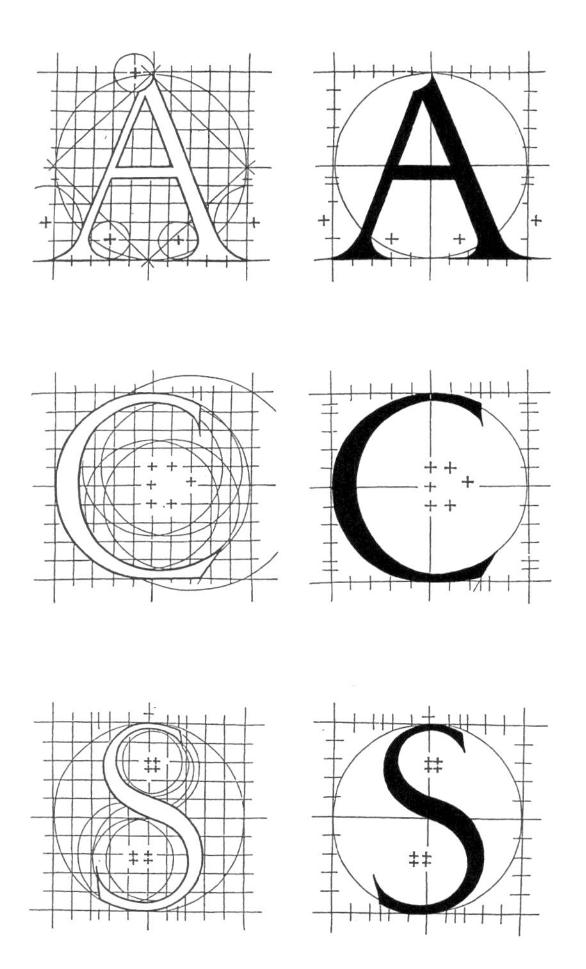

6.9 阿尔布雷希特 · 丢勒（Albrecht Dürer）的一幅充满自信的创作。然而，这样的图解并没有真正充分描述文本中使用的大写字母的字形。这些方案中的字母比例并不能应用于印刷字体。这些画作的真正价值在于告诉了我们一些人文主义的思想：尝试通过数学方法描述形式。

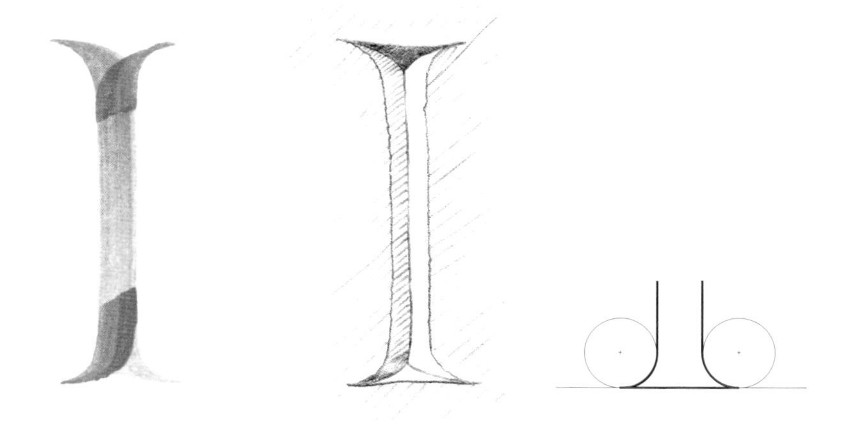

6.10　罗马体大写字母：在古代如何用平头刷来书写它（左图）、罗马人如何用石头还原它（中图）、文艺复兴时期意大利的人文主义者如何诠释这种形式（右图）。在人文主义者眼中，对称的衬线在数学上“更正确”，因此，本图的衬线优于图 6.5 中的小写字母衬线。

在意大利人文主义的氛围中，有可能会出现奇怪的、超理性的创作。人们追随理性的行动不计一切代价。罗马大写字母没有经过太大的改动就被用于书写和印刷字体。这些字母是依据费利切·费利恰诺（Felice Feliciano）[1]、卢卡·帕乔利（Luca Pacioli）[2] 以及我们熟悉的其他人的几何化设计所做的理性阐释 [6.9]。这样的做法比起告诉我们如何设计可用的字母，更能使我们理解有关人文主义的知识。

[1] 费利切·费利恰诺，15 世纪意大利书法家。——译者注

[2] 卢卡·帕乔利（1445—1517）意大利数学家，方济各会修士。——译者注

inmhulocdqe
apbrsgffffttt

6.11 20世纪高度理性化的字形〔由扬 · 奇霍尔德（Jan Tschichold）书写〕。这种书写像一种滤镜，透过它，我们可以看到其中的人文主义渊源。

conclusione ego
declarando dixi

6.12 人们用了4个世纪的时间，才使得人文主义理想有可能在德国的魏玛共和国实现。要创造前卫的现代主义字母，所有15世纪的抄写员要做的就是拿起一支非常大的羽毛笔——壁厚为0.5毫米的笔管，将它切出一个与厚度一样宽的笔尖，以使它的宽度与高度相等：一个正方形的“宽笔尖”。

大写字母的衬线可以用一条基线、一个垂直的竖画和两个圆来构成 [6.10]。多么纯粹！小写字母的衬线过于有机，占据了很多主笔画的部分，以至于不容易理性化。然而，比起更简洁、更合适的小写衬线，人们更愿意把大写字母的衬线粘在小写字母的字干上。它是对称且合乎逻辑的：合乎逻辑且对称的就是它！

这种制图方式乃至不切实际的思想都给抄写员带来了很大的问题。小写字母的理性书写与实现它的身体（生理）条件相矛盾。一定是因为这个原因，抄写员没能制定出任何活版排印可以遵循的正式标准。

但是我们找到了方法，因为靠理智得到的美好成果比创造出来的更重要。我们需要调整我们对人文主义小写体的观念。我们倾向于将它想象成如图 6.11 所示的那样，但是图 6.12（有点夸张）展示了 15 世纪晚期的一些抄写员努力追求的理想。现实介于这两极之间。与此同时，在金匠的帮助下，印刷业开始起步，他们中的一些人开始专门为字体制作字冲，即成为字冲雕刻师。与对称衬线给抄写员带来的困难形成对比，字冲雕刻师成功地让它变得足够简单。他们就这样做到了，正如他们能用钢铁制作任何其他形象：肖像、建筑物、风景……所以，这些新奇的字母对字冲雕刻师来说只不过是另一份工作而已。

7　字冲在字体制作中的地位

最早的活字是用铅（或铅合金）铸造而成的。最终印刷在纸张上的字形——字体（typeface）——是由字冲决定的。雕刻字冲的人就是字体设计师，尽管此时我们现代意义上的以规划和绘图为指导的“设计”尚未开始。而且，由于本书已解释的原因，这种意义上的设计不可能发生在手工字冲雕刻中。

字冲位于制作铅字和创作字体的漫长过程的起点。本章中转载的图片完整地展现了该过程，这些铜版画是 17 世纪末在法国绘制和雕刻的，是巴黎的皇家科学院（Académie Royale des Sciences）行业描述项目的一部分。虽然这些图片比著名的法国《大百科全书》（*Encyclopédie*）中的版画插图早了 50 年，而且显然为其提供了典范，但它们直到 1991 年才全部出版。*

在原版印刷品中，这些图片只位于构图的上部，下面的三分之二详细列出了用于制作字体的工具。描绘手摇铸字机的图

*　参见詹姆斯·莫斯利（James Mosley）的文章，《为皇家科学院的〈艺术与工艺描述〉雕刻的铸字插图（巴黎，1694 年至约 1700 年）》（“Illustrations of Typefounding Engraved for the *Descriptions des Arts et Métiers* of the Académie Royale des Sciences, Paris, 1694 to c. 1700”），《铜模》（*Matrix*）第 11 册，1991 年，第 60 页至第 80 页。感激詹姆斯·莫斯利帮助我们获得了本书中呈现的这些版画作品［7.3—7.7］的副本〔版权属于伦敦圣·布莱德图书馆（St Bride Library）〕。画面注释的后面紧跟着对相关流程的描述，有兴趣的读者可以去查阅原文，以便更全面地了解这些雕版和它们描述的内容。关于铸模的版画［7.1］提取自该系列中的另一张铜版，它属于芝加哥纽伯里图书馆（Newberry Library）。

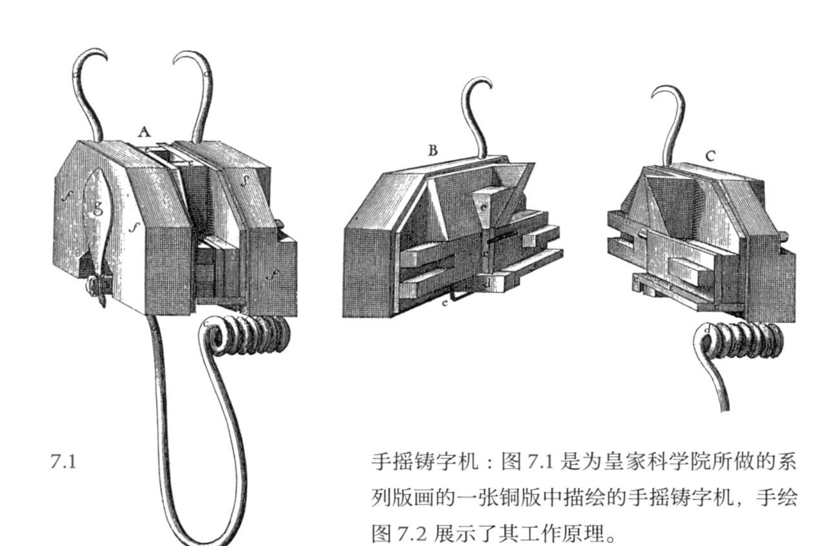

7.1

手摇铸字机：图 7.1 是为皇家科学院所做的系列版画的一张铜版中描绘的手摇铸字机，手绘图 7.2 展示了其工作原理。

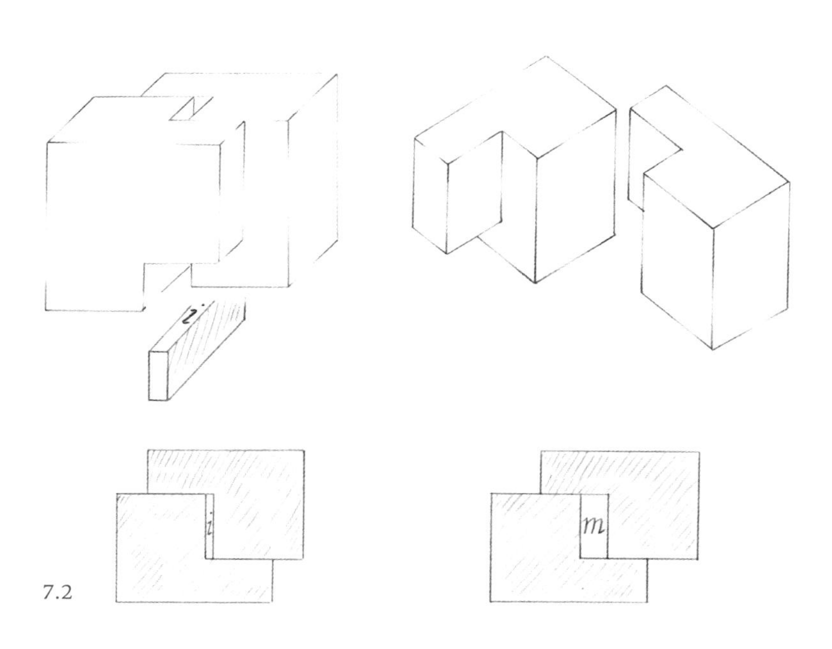

7.2

7.1 也是如此。它取自这个系列中的另一张铜版，展现了铸字机及其部件。示意图 7.2 试图解释它是如何工作的：两个部件装配在一起，滑动以夹紧不同宽度的铅字铜模。

五张组图 [7.3—7.7] 中的第一张展现了材料的准备和字腔字冲的制作 [7.3]。锻造车间中的两个人（1、2）正在准备和字冲截面大小相等的钢筋条。另一个人（3）将钢筋条切割成需要的长度，还有一人（4）用锉刀将字冲锉成方形。工作台上，正准备着字腔字冲：在油石上抛光（5），用锉刀雕刻出造型（6），进行烟熏校样❧（7）。最后，将字腔字冲敲入之后会成为字冲的毛坯中（8）。

第二张图 [7.4] 描绘了字腔字冲或字冲的制作。在毛坯上描出形（1），用锉刀或雕刻刀进行雕刻（2），雕刻后将它敲击到铅块中以清除松动的金属（3），通过烟熏校样检查（4），再次校样（5）。接着，把字腔字冲或字冲放在煤炭上加热（6），然后快速投入冷水中进行回火处理。

第三张图展示了铜模的制作 [7.5]。从右到左：通过烟熏校样对铅字试用件进行调整（1），铅字对齐检查（2），铅字宽度的设定检查（3）和铅字的高度检查（4）。窗边的人（5）正在用平锉修整铜模。用手摇铸字机完成测试（6）。左边的人（7）在将修正后的字冲敲入空白铜模中。

组图中的第四张展现了铅字的铸造 [7.6]。熔炉的两侧站着两个手持长勺的铸造工人。另外还有四个工人正拿着不同工

❧ 烟熏校样（smoke-proofs），用蜡烛将需要测试的金属字熏黑，印到纸上检查其形状。——译者注

7.3 1 2 3 4 5 6 7 8

7.4 1 2 3 4 5 6

7.5 7 6 5 4 3 2 1

7.6

7.7

7.3–7.7 为皇家科学院制作的关于铅字铸造的系列插图。

作阶段的手摇铸字机。

在最后一幅雕刻中，铅字已经铸造完成，准备进行排版[7.7]。从左到右：用老虎钳钳住铅字，将浇口（jet）进行断尾(1)，在石头上打磨（2)，修整或修剪高低不平的部分（3)，用刀刮（4)，每个字母分别放入纸袋（5)，或者为了顾客的需要包装成一套铅字（6)。

综上所述，整个过程如下：

雕刻字冲
将字冲敲入铜模
把铜模放入手摇铸字机校验
把融化的铅倒入手摇铸字机
取出铅字
把铅字上多余的部分切掉
统一铅字的高度
将铅字配成套
给铅字上墨并印刷
铅字的图像（字体）出现在纸面上

8 字冲雕刻师与历史学家

制作字冲的人，也就是字冲雕刻师，定义了字体最终的可见形式：这些流传下来的字形，至今基本没有变化。自从被我们视为经典的字体第一次被雕刻出来，字体的应用有增无减。如今，伴随着数字化的发展，新设备和更多厂商的出现，字体开始被愈加频繁和广泛地使用。

字冲雕刻从未得到活版排印历史学家的足够重视。我怀疑大多数情况下它仅仅被视作精湛的工匠技艺而已。值得注意的例外是，20 世纪 50 年代哈里 · 卡特、H. D. L. 费尔夫利特（H. D. L. Vervliet）、马修 · 卡特（Matthew Carter）、迈克 · 帕克（Mike Parker）等人在普朗坦 – 莫雷蒂斯博物馆进行的研究。他们的主要目标是识别字体及制作者，并复原字冲。20 世纪 60 年代，随着这些人转而从事其他工作，这项研究放缓了速度。但是通过他们和博物馆工作人员的努力，现在有这样一个地方，你只需要拨打一个预约电话，就可以拿到这些材料并进行研究。我们对此感激不尽。

上述研究者通常能够识别出字体。但是，在他们发表的文章中却并没有太多关于字冲制作过程的讨论。有时候，不仅是字母图像，整个字冲制作的方式和它整体的物理特性，都可以极大地帮助人们辨认其制作者，或者判断它是否是已有的整套铅字里后增加的字冲。例如，众所周知，迈克 · 帕克可以通过观察字冲的加工方式来辨别它的制作者。这只是说明了对技术的理解是如何有助于填补拼图中那些缺失部分的一个例子。

因此，关于字冲雕刻技术的文献非常有限。在大多数情况下，它囊括在文献记载的事实，对这些事实的讨论，以及就此话题与之前的作者的辩论之中，其结果也就是把所有事实按时间顺序更准确地罗列出来，但是主要问题——至少是我的主要问题——依旧没有答案。到底什么是铅字的字冲雕刻？这些人如何看待字形？是什么让他们这么想的？简而言之，设计师的意图是什么，或者可能是什么？任何一位历史学家都无法充分回答这些问题，最多也就是一段左右的文字：与对其他问题的讨论相比，篇幅并不多。字冲雕刻师时常被迷雾般的赞美萦绕。这些文字的作者就好像在对我们说："这些就是事实，把它们灌输进去，视作理所当然。但是请别再问别的，因为我们这些专家也没有答案。"

对我们来说，字冲雕刻领域还有现存价值和纯粹历史意义的作品只有富尼耶（Fournier）和莫克森（Moxon）的著作了。这些书，加上一些字冲和铜模，基本上就是我们所拥有的全部了。〔人们可能会提到由字冲雕刻师或铅字铸造师，如弗莱希曼（Fleischman）、布赖特科普夫（Breitkopf）、爱德华·普林斯（Edward Prince）、P. H. 雷迪施（P. H. Rädisch）等人所写的散落在旁注和散文中的信息。〕要获取富尼耶和莫克森留下的信息，需要在优质版本的方面有一些坚持。但是，他们两位都留下许多悬而未决的问题。正如第 1 章所解释的那样，我寻找答案的唯一方法就是自己动手制作字冲，增长自己的经验，然后反观实践的背后隐藏着什么。所以，本书的主要目的是对字冲雕刻的历史、制作它的不同的传统方法、它的精度，以及它对字体设计的影响进行详尽的说明。然后，迷雾散尽，光环也会消失。

9　字冲雕刻师来自何方?

没有活版印刷，就没有字冲雕刻师。这是显而易见并合乎逻辑的。现在，字冲雕刻通常与活版排印和印刷术联系在一起，因此字冲雕刻师似乎是伴随印刷术的发明而诞生的。但事实并非如此，因为字冲雕刻要比现代印刷术和活版排印古老得多。

印刷的发明只不过是既有知识的实现罢了。把这些知识从通常的语境中提取出来，整合到一起，植入另一个语境中，然后，我们就可以用它做点别的事，比如印刷。1450年，其他制造领域已经很熟悉压力机的原理，在凸起的表面印刷已经实现，字冲雕刻技术也已存在。人们把字冲压进蜡中，制成印章。军火商和日用工具商用这种技术给其产品做标记。在金属行业，字冲用来在产品上标记名称。一个非常重要的组织使用字冲作为其工作的基础：铸币厂 [9.1]。字冲甚至被直接印在了纸上。

将每个字母视为独立的个体，给每个字母雕刻字冲，将它们敲击到铜模上，制成标准高度的矩形铸件，以便于将它们并置组成词，排成行，行与行首尾相接组成栏，这一思考过程就是“现代印刷术和活版排印的发明”。它是一种升级版的儿童积木游戏。为了实现它，谷登堡需要一个可以轻松组装、拆开和移除铸好的活字的手摇铸字机。此外，它必须易于调节宽度，以适应不同尺寸的活字。这种手摇铸字机是一项很有价值的发明，通常被认为是印刷发明中真正的发明。但这是次要的。至关重要的新事物是致使铸字机尺寸可调的观念。

我们知道神秘莫测的谷登堡是个金匠，或至少与金匠行

9.1　一枚来自 1700 年前后的硬币。在 E 这个字母上我们可以看到相同的错误重复了四次：字母下部的字臂太细，并且已经断裂。字母 R 也断裂了，字母 O 太粗了。这些字母中的错误及其准确的重复表明这是一枚使用冲模技术铸造的硬币：不是雕刻的，而是通过冲压字冲制成的，可能使用的是本韦努托 · 切利尼（Benvenuto Cellini）所描述的方法。该硬币的实际尺寸为直径 20 毫米左右，此处将其放大后呈现。

会有所关联。他和他的同行们非常熟悉字冲雕刻，为铸币厂和印字指环制作字冲之类的东西是他们的工作。这些字冲通常带有纹章图形，也包含字形。我们可以把这些字形与当今平面设计中的字体标（logotype）相对应。字冲的制造通常只是大量工作中的一小部分。至少，如果我们相信本韦努托 · 切利尼的话（他在 1560 年左右写的一篇重要文章是关于这个主题的），事实就确实如此。对于每个新的硬币，他都会为其上绘制的文字制作大量字冲："……我的习惯是在小字冲上分别刻出人物的头、手和脚。我认为这样做会使画面更清晰且效果更好。我用锤子把这些刻有精巧造型的字冲分别敲击在印章相应的位置上。你也可以用类似的方法制作字母的字冲，同样也可以实现其他源于品位的奇思妙想。当我在罗马或别处从事这一工作时，我时常会制作新的字母来取悦自己，每一款都与当时的场所有关，字冲很快便会磨损，而我因为我的创造力受到许多赞誉。你的字母应该有好看的形态，就如一个宽扁头笔塑造出的那样；笔画随着手的动作而上升、下降，字母既不会太矮胖，也不会太细长，因为这两种都不好看，适度修长的字母是最好的。" *

借助较小的字母字冲把字母敲入模具。模具分为两部分，模和范各一个，它们是字冲雕刻师真正的产品。硬币就是用它们来击打或者压制而成的。对本韦努托和他的同行们来说，无论是要雕刻文字、皇冠，还是古代统治者的肖像，都无关紧要。在实际情况中，他们常常为了一份工作而做所有这些事情。

* 切利尼 :《金工与雕刻论著》（*Treatises on Goldsmithing and Sculpture*），第 65 页。

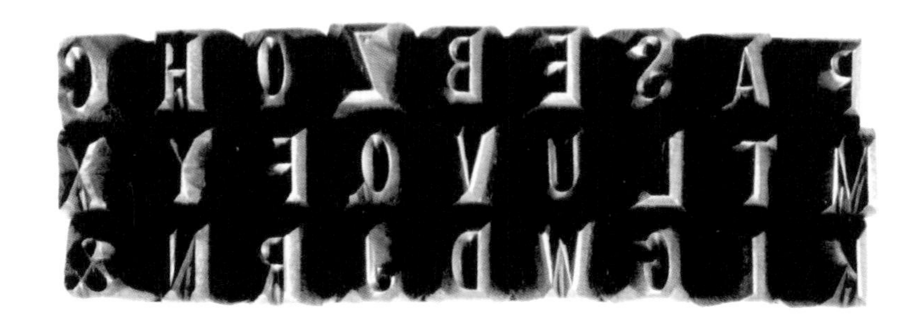

9.2　　一套现在可以买到的商业字冲，用于给机器零件或自行车车架之类的物品进行命名和编号。在高档五金店可以买到。

如此看来，第一批字冲雕刻师很有可能是金匠，他们同时也在为印刷商制作字冲。有人想要开始做印刷生意并且需要活字。于是，一个有抱负的印刷商找到一位友善的金匠，向他展示竞争对手的原稿或书，说："嗯……做成这样的，需要多少钱？多长时间？"这听上去很简单，但是过程大致如此。

因此，15 世纪最早一批字冲雕刻师是按需制作字冲的。换句话说，雕刻字冲只是他们兼职的一份临时的工作。当印刷商们开始自己雕刻字冲，金匠或有意向的印刷工最终成为专业的字冲雕刻师时，事情就变得有趣了。自 16 世纪 50 年代，克里斯多夫 · 普朗坦（Christopher Plantin）在安特卫普工作时起，字冲雕刻就已经成为一门独立的职业。尽管这是个又小，门槛又高的职业，但很难给它归类。用哈里 · 卡特的话说："印刷商出资并组织字体的制作，但他们并未参与其中。雕刻字冲、敲击和精修铜模、模具制作和铸造的工作与印刷分离，由独立承包商完成。

完成这些任务需要出色的技术和经验，只有经过长期专业训练的人才能高效地胜任。”* 后来，在 17 世纪，出现了独立的字体铸造厂，字冲雕刻师们会为其中的某一家工作。但在 16 世纪，雕刻新字体的工作一度掌握在独立工人手里。我们很难根据研究得知这些工人的具体数量，但可以粗略地猜测，在印刷业开展的前一百年中，大约需要 600 个工人来供应制造铅字所需要的所有字冲。

* 卡特：《关于早期活版排印的观点》，第 10 页。

10 字冲雕刻师的兴衰

本书非常关注 16 世纪，特别是 1520 年至 1600 年这段时间。由于种种原因，这是字体史上一个重要的时期。如第 6 章所述，对大写字母、小写字母和意大利体的选择是出于人为因素和理论上的考虑，很大程度上是由意大利人文主义者定义的。然而，法国和佛兰芒的字冲雕刻师赋予了这些字母最终的形状——真正固定了它们的形式。他们还成功地让大写字母、小写字母和意大利体更好地组合在一起。现存的字冲和铜模中有相当一部分出自这一时期。有了证据，也就有了证明事实的可能性。此外，在这段时期，字冲雕刻师与印刷界的联系越来越紧密，不再像 1500 年以前那样插足金匠的职业。这一时期的字冲雕刻师也兼任编辑、印刷工和出版商，所以他们自然而然地自己制作所需要的活版排印材料，而非不断满足别人的需求和愿望。这些人活跃于文化、政治和宗教领域中，无一例外。事实上，我们很难想象活版排印材料制造商、印刷商与商业世界之间的紧密联系，以及整个文化界发生了什么。作为例子，我将介绍一位几乎没有在活版排印的通俗文献中出现过名字的人。

皮埃尔·奥尔坦（Pierre Haultin）是这一时期最好的字冲雕刻师之一，与加拉蒙和格朗容（Granjon）齐名。他是字冲雕刻师、印刷工、出版商，同时也是一名新教徒。在当时的法国，他因为信仰一个被禁止的教派而生活在压力之下。而我认为，他表现出了一种更坦率，更脚踏实地的心态，这使得新教徒区别于他们的罗马天主教同僚。回顾一下奥尔坦的字体，我们可能会发现他在沿着以下思路思考：“这些又大又重的《圣经》有什么用？我必须收拾行头迅速离开。我需要一本袖珍《圣经》，这样我就可以瞬间把它收好。为此，我需要一个尺寸很小并且高效的罗马体。我能做到多小？”于是，奥尔坦开始寻找可接受的字号极限，并锁定在 6 点左右。他是第一个把罗马体雕刻得这么小的人，不久后又加上了意大利体和希腊字母。罗马体不可能比这个字号更小了，因为小于 6 点的罗马体不适合使用是一个简单的事实 [10.1]。我可以向你保证，奥尔坦有能力雕刻出比 6 点更小的罗马体。但是他没有这样做，只是因为更小的字母不可读。

奥尔坦证明了他的观点：字体与书写完全不同。手写字母对字号的影响正在消失。人文主义者没有写过任何 6 点的正式的小写字母。没有（或者非常少的）手稿的行增接近于 8 点。有

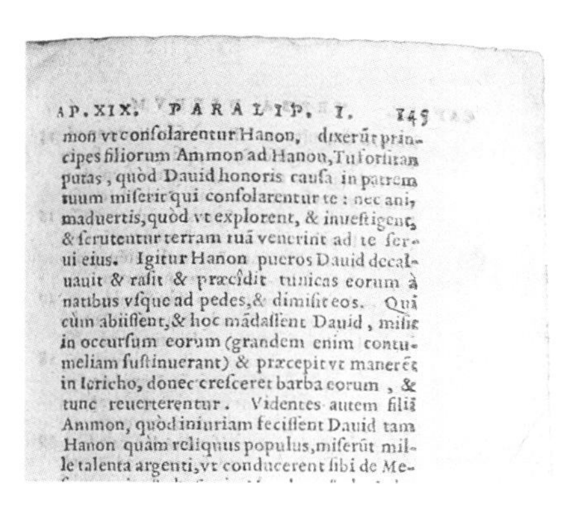
AP. XIX. PARALIP. I. 145

mon vt consolarentur Hanon, dixerũt principes filiorum Ammon ad Hanon, Tu forsitan putas, quòd Dauid honoris causa in patrem suum miserit qui consolarentur te: nec animaduertis, quòd vt explorent, & inuestigent, & scrutentur terram tuã venerint ad te serui eius. Igitur Hanon pueros Dauid decaluauit & rasit & præcidit tunicas eorum à natibus vsque ad pedes, & dimisit eos. Qui cùm abiissent, & hoc mãdassent Dauid, misit in occursum eorum (grandem enim contumeliam sustinuerant) & præcepit vt manerẽt in Iericho, donec cresceret barba eorum, & tunc reuerterentur. Videntes autem filii Ammon, quòd iniuriam fecissent Dauid tam Hanon quàm reliquus populus, miserũt mille talenta argenti, vt conducerent sibi de Me-

10.1 大概有史以来第一个 6 点的罗马体活字是皮埃尔 · 奥尔坦雕刻的 Nonpareille Romaine 字体。自 1557 年以来，经常被普朗坦使用。〔《列王记……》（*Libri regum ...*），安特卫普：普朗坦，1557 年。〕另请参阅图 20.1。

些技艺高超的书法家可以写出 x 高相当于 8 点的小写字母。但是这些字母通常非常粗，并且有很长的上伸部和下伸部，其结果就是行增远远超过 8 点。也许手写出小于 8 点的字并非不可能，但无论它是不是正式手稿，这样做无疑都是棘手而令人疲劳的。罗马体字母绝对不适合以小的 x 高书写。基于人体运动系统，人们已经开发出了更适合在 x 高较小的限制下使用的 Civilité 体字母及其他字母。

奥尔坦开始设定他自己的标准。除了金匠和印刷领域的工作，他充分意识到了需求是什么。他理解制作字冲的材料相对于羽毛笔笔尖（它的能力也不容小觑）所能提供的可能性。奥尔坦证明了字冲雕刻师的职业意识：一个探索并界定自己职业可能性的成熟匠人。他质疑以人类的制造能力为字体字号的设定标准，提出应该以可供阅读的原则取代它。字体与人类感知能力的对话已经展开。

许多变化和发展之事发生在 1520 年至 1600 年间。乐谱字体被刻成；将大写字母用作小型大写字母的习惯养成，并最终使小型大写字母成为分立的字体；意大利体和罗马体开始共事，并从属于同一设计。Textura 体继续在北欧使用，并与罗马体、意大利体和大写字母一并脱离了人类手写所定义的尺寸。Civilité 体也出现了，但没有参与尺寸的脱离。希腊字体被大规模制作。意大利体大写字母被发明出来。真正的标题字体由范登基尔制成：这意味着它们具有标题体的比例，而非仅仅放大字号（对此的讨论参见第 19 章）。设计比例开始考虑经济因素，而非仅由美学因素决定。更粗的和更窄的字体出现；字体的下伸部开始变短，上伸部变得简洁，x 高变得大方。阿拉伯字体被制成，以供梵蒂

ANTIDOTARII. 21

flauo : quod cũ difficilè reperiatur ſupradicto vten-
dum eſt.

PAPAVERIS apud Dioſcoridem ſex ſunt
genera.Primum ſylueſtre rhęas dictum omnibus no
tum.Alterum,candidum,capitibus oblongis,candi-
dis,ſemine albo: hoc etiam notum.Tertiũ & Quar-
tum,nigrum,è quibus colligitur opium : ſemine ni-
gro ; vtrumque Dioſcoride papauer ſylueſtre etiam
dicitur: & illud notum eſt . Quintum papauer cor-
niculatum,ſic dictum,quod caput non proferat,ſed
ſiliquam oblongam & rotundam in corniculi mo-
dum,florem luteum,vulgo notum. Sextum papauer
ſpumeum vocatur,hoc incognitum eſt. Quoties pa-
paueris ſimpliciter & ſine adiectione mentio fit,ſem
per domeſticum,hoc eſt album intelligendum eſt.

Piper arbuſculę in India naſcẽtis fructus eſt: quæ
inter initia vt ait Dioſc. prælongum fructum veluti
ſiliquam,quod piper longum vocamus,profert ; ha-
bet intus aliquid tenui milio ſimile, quod dehiſcen-
tibus ſiliquis racemorum in modum prodit. Eorum
grana acerba candidum piper vocantur: matura ve-
rò,piper nigrum . Qui verò in Indiam nauigarunt.
piperiſque plantam viderunt, piper in planta bryo-
niæ ſimili naſci aſſerunt , diuerſiſque ex plantis lon-
gum & rotundum colligi.Nihil tamen intereſt. Ni-
grum eligi debet recens,grauiſsimum,plenum. Can
didum præfertur,non rugoſum,candidum,& graue.
Longum optimum, quod , dum frangitur , ſolidum
intus conſpicitur & compactum,guſtu acerrimo lin
guamq; mordens. Adulteratur longum herba ſimili:
ſed fucus depręhẽditur,ſi in aquam immittatur; nam
adulterinũ liqueſcit,legitimum verò ſolidũ manet.

Pix è lignis pinguibus & reſinoſis fluit, præſertim
è pino. Quibuſdam tamen in locis,propter pini pe-
nuriam,ex picea,cedro,terebintho,cæteriſque ſimi-
libus cõgregatur eo quem infrà dicemus modo. Pix

C 5 naualis

10.2 皮埃尔·奥尔坦雕刻的一种空间相当开放、可读性非常高的罗马体。〔《卡洛吕斯·克吕西乌斯的消毒述要》（*Antidotarium ... Carolus Clusius*），安特卫普：普朗坦，1561 年。〕

冈出版社（Vatican Press）使用。

皮埃尔·奥尔坦继续与格朗容和范登基尔一起，制造 x 高较大的字体或者改进现有的字体。奥尔坦在给罗马体设定字号的极限后，又给它的字宽设定了限制 [10.2]。很长一段时间后，这款字体的效率才被超越。奥尔坦还使用了“字号合适的大写字母”和他的小写字母相配。他使用的大写字母的尺寸比以往更小，字重也更细，却丝毫不丧失可读性。

字体后续的发展根植于这一时期的字冲雕刻师对他们的行业的了解。他们知道钢材提供了与手写不同的另一种准确性。他们还知道字体的局限并非来自技术水平，而是我们的神经系统。至今如此，四百年中并未改变。字冲雕刻师为印刷者（在大多数情况下都是他们自己）提供这些材料，是因为他们拥有制作它们的技艺、技术和视野，而不是因为别人想让他们制作字体，或熟练的书法家为他们提供了设计，要他们去执行。如果这种情况偶尔发生，也应将其视为特例而不是惯例。很快，对于印刷者和字冲雕刻师来说，参考基准不再是手稿，而成了更成功的竞争对手的印刷品。字冲雕刻师开始效仿其他字冲雕刻师，而不是抄写员了。

在这一时期，随着字号数量的增长，字身尺寸初步的标准化也得到了发展。我们最好把它描述为行增的标准化（“行距”的概念尚不存在）。在此标准化中还没有可以使用的，如后来在法国发展出的那种基本单位。相反，该标准化基于各种名称进行，在每种欧洲语言中都各不相同。在英语中是 Nonpareil、Minion、Brevier、Bourgeois，直至 Canon。这些名称代表了字身的尺寸（字号），同时也被用于定义印刷的字形尺寸。之后，字号与字形尺寸就被分别对待了。这一点可以从这个时期幸存下来的极少数字体样本中标注的字形尺寸和字号名称上清晰看出。例如，图 10.3 中尺寸为“Reale”的字体以 Reale 字身尺寸制作，它在 65 毫米内能容纳 11 行。而图 10.4 中尺寸为“Parangonne sur la Reale”的字体原本应该以 Parangon 字身大小（10 行超过 65 毫米）铸造，但在这个例子中却是以 Reale 字身大小铸造的 [10.4]。当时的活版排印比我们通常了解到的要成熟得多。这些术语足以达到目的：也许比我们现在说“在 16 点上铸造 12 点”（12 on 16 point）更好，现在这种说法实际上并没有听起来那么精确。

所有这一切发生在安托万 · 奥热罗（Antoine Augereau）将他的知识传授给徒弟加拉蒙的那段时期，直到格郎容、范登基尔和纪尧姆一世 · 勒贝（the first Guillaume Le Bé）逝世为止：也就是 1520 年至 1600 年之间。* 这个时期活版排印材料的发展无论在数量上还是质量上都是如此丰富，以至于之后的一百年里都不再需要任何新东西了。就算有了什么新东西，也无法与现有材料竞争。所以，1600 年之后，我们经常会看到一套铅字中的损坏字符被替换为笨拙的新字符。大量的精力被用于插图，而非字体。因此，亨德里克 · 范登基尔的儿子彼得（Pieter）最终成为地图雕刻师，而不是字冲雕刻师。由于没有了对新字体的需求，字冲雕刻师失去了他们以往因与印刷领域和更广泛的文化领域紧密联系而享有的地位。其他力量开始取而代之。很快，字冲雕刻

* 加拉蒙作为奥热罗学徒的故事可能仅有孤证，却是讲得通的。像这样在当代与后代之间进行知识传承，就是这一时代进步的原因。参见卡特的探讨：《关于早期活版排印的观点》，第 83 页至第 86 页。

Reale Romaine.

Anachar. Scytha. Aiebat ſe mirari quî
fieret, vt Athenienſes qui prohiberent
mentiri, tamen in cauponum tabernis
palàm mentirentur. Qui vendunt
merces, emuntq́ue lucri cauſa, fallunt
quemcunque poſſunt, quaſi quid pri-
uatim eſſe turpe, fiat honeſtum, ſi pu-
blicè facias in foro. At in contractibus
maximè fugiendum erat mendacium.
Sed tum maximè mentiuntur homi-
nes, quum maximè negant ſe mentiri.

10.3　这里的名称表明了特定的字身尺寸，因此也表明了特定的行增：11行“Reale”尺寸的字体约65毫米高。〔普朗坦的《索引字符》（*Index Characterum*），安特卫普，1567年。〕

Parangonne ſur la Reale.

Anachar. Scytha. Percontanti quæ naues eſſent tutiſſimæ, Quæ, inquit, in ſiccum protractæ ſunt. Solebant enim olim naues ijs menſibus, quibus mare nauigabile non eſt, machinis quibuſdam in ſiccum pertrahi. Anacharſis ſenſit, omnem nauigationem eſſe periculoſam. At ille de genere nauigij percontabatur. Sunt enim Liburnicæ, onerariæ actuariæq́ue naues, aliæq́ue diuerſi generis, in quibus alia eſt alia aduerſus tempeſtatem inſtructior.

10.4　“Parangonne sur la Reale”是指该字体具有“Parangon”的字号，但以“Reale”大小的字身铸造。通过这种做法，字母图像（字体设计）开始脱离字身尺寸独立存在。〔普朗坦的《字符索引》，安特卫普，1567 年。〕

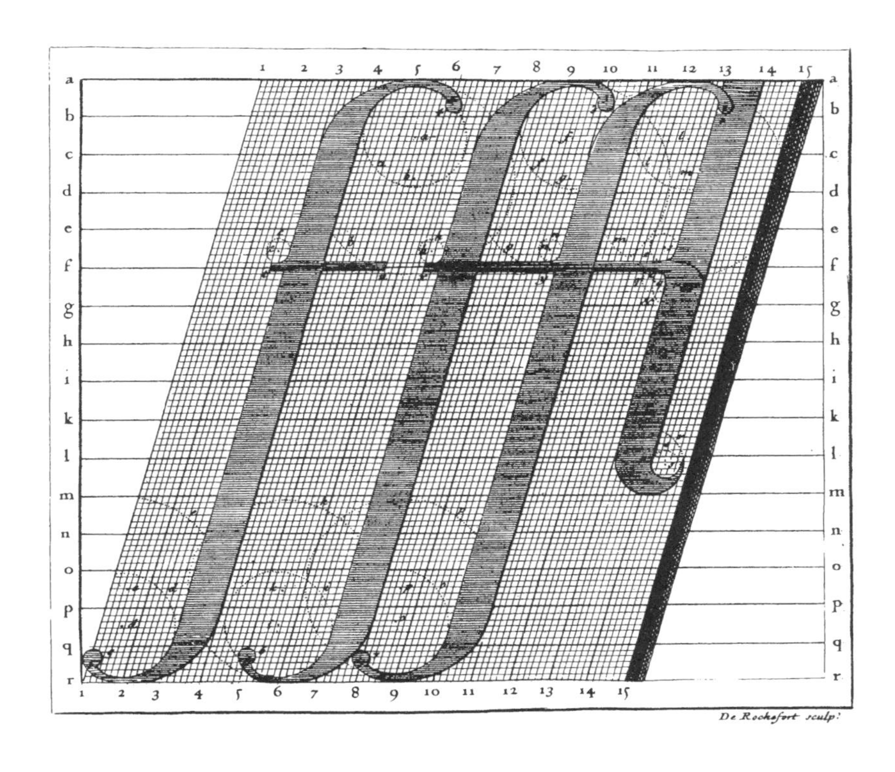

10.5　　第一个真正意义上的印刷字体的设计概念图。字冲雕刻师遵循了这个字母的最终形式，尽管他们无法将任何这种严格的几何形状付诸实践。

师变成了仅仅执行他人设计或想法的人。

设计与执行分离的最广为人知的案例是“国王罗马体”(romain du roi)。在 17 世纪末的法国，知性理性在与实践和人类局限性的对话中挣扎。一个学术委员会（皇家科学院）研究了设计字体和制作字体的实际过程。其研究结果以成组的版画形式发表，展示了明显由纯粹的几何图形和精细网格设计的字母 [10.5]。依据这些“设计”制作的字体当然无法遵循雕刻字母的网格。这使得富尼耶（也许他从皇家科学院得到的比他所承认的更多）嘲笑了这件事 :“他们将正方形分为 64 份，每份又细分为 36 份，总共做了 2304 个小正方形，用来设计罗马体大写字母。意大利体字母则是在另一个做了更多细分的平行四边形中构建。另外，还用圆规绘制了众多曲线。例如，a 里的 8 条曲线、g 里的 11 条曲线，以及 m 里的许多条曲线，等等。而我们将领会到，如此多的线条对于在钢制字冲上塑造字母来说有多无用，毕竟印刷中最常见的字冲的字面大小不超过 1 英寸的二十四分之一。”*

我们并不一定要认同富尼耶的“天才既不懂尺子，也不懂圆规，只有机械劳动”的夸张结论。† 但是我们可以说，借助尺子和圆规在网格上构造字体，只有在设计师本人的亲自执行下才能成功。使用网格只会让他们更快速地工作，并不会让作品变得更合理和更优秀。

因此，随着独立字冲雕刻师的消失，风格回归字体，活版排印之外的因素开始影响字形。字母笔画宽度的对比度愈加明显，直到它沦为一个时髦选项。也有少数特例，比如 Kis、Fournier 和 Bodoni 字体。但是，从字冲雕刻师到一个简单的工作人员的转变仍在继续。到了 1900 年，留下的字冲雕刻师已寥寥无几，其中大多数都是他人设计的熟练执行者，例如英格兰的

* 卡特 :《富尼耶论铸字》（*Fournier on Typefounding*），第 7 页至第 8 页。

† 卡特 :《富尼耶论铸字》，第 9 页。

爱德华·普林斯。由缩放仪和机械排版所代表的机器时代撞击着手工艺的大门。到了 20 世纪 20 年代，字体制造的整个过程已经进入批量化生产的阶段，一切都是在工厂中进行了。

16 世纪的字冲雕刻

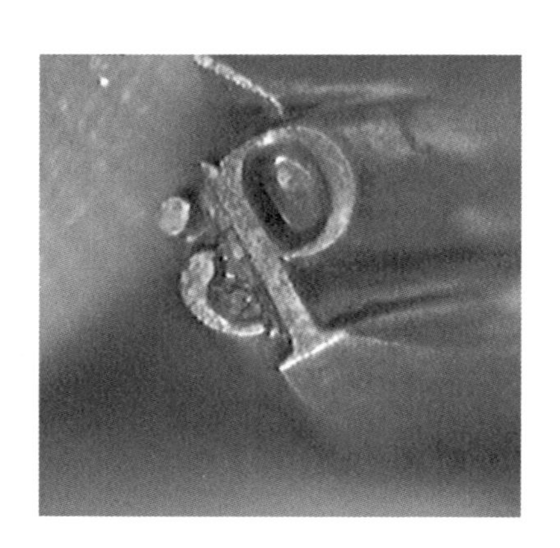

这个“q́;”真美（“que”的缩写并常用于拉丁语）。出于经济原因，加拉蒙专门为这套字冲雕刻了这个字符。借助这个字符，还可以紧排 q 与分号的间距。我们在这个字冲上能看到三种不同的技术。读音符号完全是用小锉刀制作的，只需将它周围的材料锉去即可。q 本身的字腔是使用字腔字冲制作的，并借助锉刀处理外轮廓。q 和分号之间的空间用雕刻刀凿出，雕刻刀留下的痕迹清晰可见。

11　字冲冲孔与凿孔

简而言之，字冲雕刻有两种不同的方法或传统。一种传统是冲孔和雕刻，另一种传统是凿孔和雕刻。这两种方法都以相同的方式处理外轮廓：锉削然后切割。它们之间的本质区别在于前者使用字腔字冲，而后者不用。

制作字冲的主要问题在于字符的字腔。凿孔方法是把这些形状挖出来。在德语中，凿孔用的工具叫“Grabeisen”，字面意思是“凿铁”（digging iron），这个名字完美地说明了凿孔方法

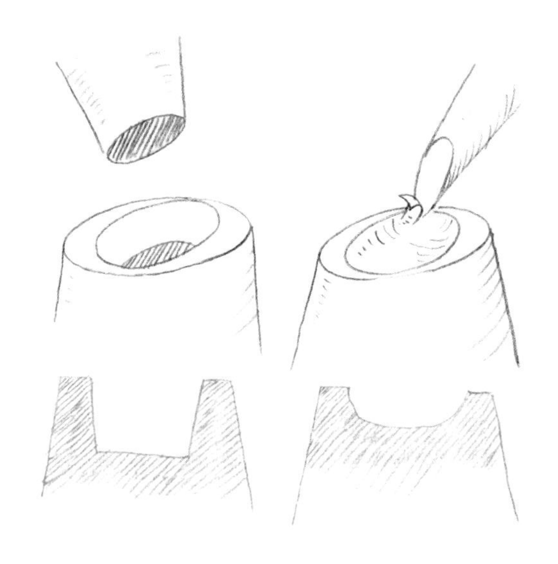

11.1　制作字母字腔的两种方法：用字腔字冲冲孔（左图），用雕刻刀凿孔（右图）。

中这件工具的使用方式和用途。此工具的英文名称是“雕刻刀”(graver)。在弗拉芒语和荷兰语中，它则被称为“steker”[即英语中的“刺刀”(stabber)]。

而在冲孔方法中，这些字腔首先作为字冲被制作出来（所以叫字腔字冲)，然后将其敲击入另一个金属钢块上，由此制造出实际的字冲。人们可以在 J. G. I. 布赖特科普夫（J. G. I. Breitkopf)、J. M. 弗莱希曼（J. M. Fleischman)、约翰尼斯 · 恩斯赫德（Johannes Enschedé）等人的权威著作中发现对凿孔方法的强烈谴责以及对字腔字冲的倡导，富尼耶也明确表达了他对字腔字冲的偏好（见第 13 章)。

目前尚不清楚关于这两种方法的争论有多古老，但它很有可能与前活版排印时代的字冲雕刻一样久远。本韦努托 · 切利尼曾在 1560 年左右的一篇关于金匠的文章中建议使用字腔字冲。当然，在 1520 年至 1600 年间由盖约特（Guyot)、加拉蒙、塔韦尼耶（Tavernier)、格朗容和范登基尔制作并遗留给我们的早期字冲清楚地展示了字腔字冲的使用。使用字腔字冲不仅仅是一种工作方法，它还代表了一种思考字母应该是什么样式的视角。它暗示了一种不言而喻的设计意识，这种意识在近些年才通过文字和图解的形式被清晰地表达出来。

当人们把字体设计视作一个完整过程来考虑时，很明显，使用字腔字冲只会带来好处。一个最重要的有利因素是某些字腔字冲可以在多个字符上使用，小写字母 d、b、p、q 的字腔就是一个明显的例子。这些字腔在很大程度上应该是相同的，所以你只用一个字腔字冲就可以制作所有这些字腔。若是使用另一种传统方法的话，你必须凿刻四次相同的字腔（或多或少）。这种方法精确度更低，而且相比起制作一个字腔字冲在四个字冲中各敲击一次来说，它更费时间。

我们假设字冲雕刻师刻坏了一个字冲。在这种情况下，他只需再敲一次字腔字冲，一半的工作就完成了。所以，有了字腔字冲，字冲雕刻师能够以非常快速且精确的方式重复形状。而形状的重复是字体设计的基本要素。这种工作方法的其他优势，我已在对富尼耶的讨论中做了阐述（见第 13 章）。

有些人也认为，字腔字冲不能制作出整齐平滑的字腔。但字腔字冲其实是使用与字冲本身相同的方式、材料和工具制作而成的，所以它们呈现的线条的精确度和锐利度完全相同。使用字腔字冲时，为了得到想要的字腔形状，你只需要确保将其垂直向下敲击即可。敲击字腔字冲是个容易解决的问题。当把经过淬火硬化的字腔字冲击入未硬化的软钢时，字腔的形就复制到字冲上了。这样做绝对没有任何损耗，就像为了制造“铜模毛样”（strike，未精修的铜模），将字冲敲击在空白铜模上也没有任何损耗一样。

因此，使用字腔字冲有许多优点，不仅是对一般的字体设计技术而言，而且体现为工作中的精确、省时和高效，这些平常却又重要的因素。借助一套优质的字腔字冲，字冲雕刻师可以又快又顺畅地工作。换句话说，它为工作带来了一些系统性。我们可以将这个系统与我们几年前在数字字体设计中使用的非常原始的早期小字号低解析度屏幕显示优化系统进行对比。

那么，凿孔方法从何而来？为什么一些 20 世纪的字冲雕刻师还在使用这种方法？例如，据称在范克林彭和雷迪施的领导下，这种方法曾在恩斯赫德公司（Enschedé）[☙] 使用过。哈里·卡特在自己1930年出版的《富尼耶论铸字》的注释中写道：“在德国，纯手工的字母雕刻艺术仍然蓬勃发展，现代学校谴责使用字腔字冲，认为它是雕刻技术不熟练的表现……”[*] 卡特和戴维斯在他们编辑整理并于1958年首次出版的莫克森所著的《机械训练》（*Mechanick Exercises*）一书的注释中也写道：“现存的德国学校倾向于用雕刻工具凿出字腔。”[†] 这里提及“德国”令人困惑。当然，在法国国家印刷所（Imprimerie Nationale）工作的字冲雕刻师的确更倾向用雕刻工具凿刻。

目前尚不清楚法国国家印刷所的字冲雕刻学校创立的确切时间，也许是在19世纪中叶。但据我所知，字冲雕刻是唯一发展成一门真正学科的手工技艺，并且师徒传承延续了几代人。通常的方式是，每个字冲雕刻师都开发自己的方法，有时他们会将这些方法传授给另一个人。例如，安托万·奥热罗向克劳德·加拉蒙传授了字冲雕刻要领，可能迪尔克·福斯肯斯（Dirk Voskens）对尼古拉斯·基斯（Nicolas Kis）亦是如此。但更常见的是，当字冲雕刻师离世时，他的知识和他倾其一生所建立的标准也随之而去。例如，尽管亨德里克·范登基尔经营着最早一批真正意义上的铸字工厂之一，且生意兴隆，但他在去世时却没有

☙ 即约翰·恩斯赫德公司（Royal Joh. Enschedé），曾经是荷兰最大的印刷厂，现在是一家印刷安全文件、邮票和钞票的公司，总部位于荷兰哈勒姆。——译者注

* 卡特：《富尼耶论铸字》，第29页、第96页下方。

† 莫克森：《机械训练》，第109页。

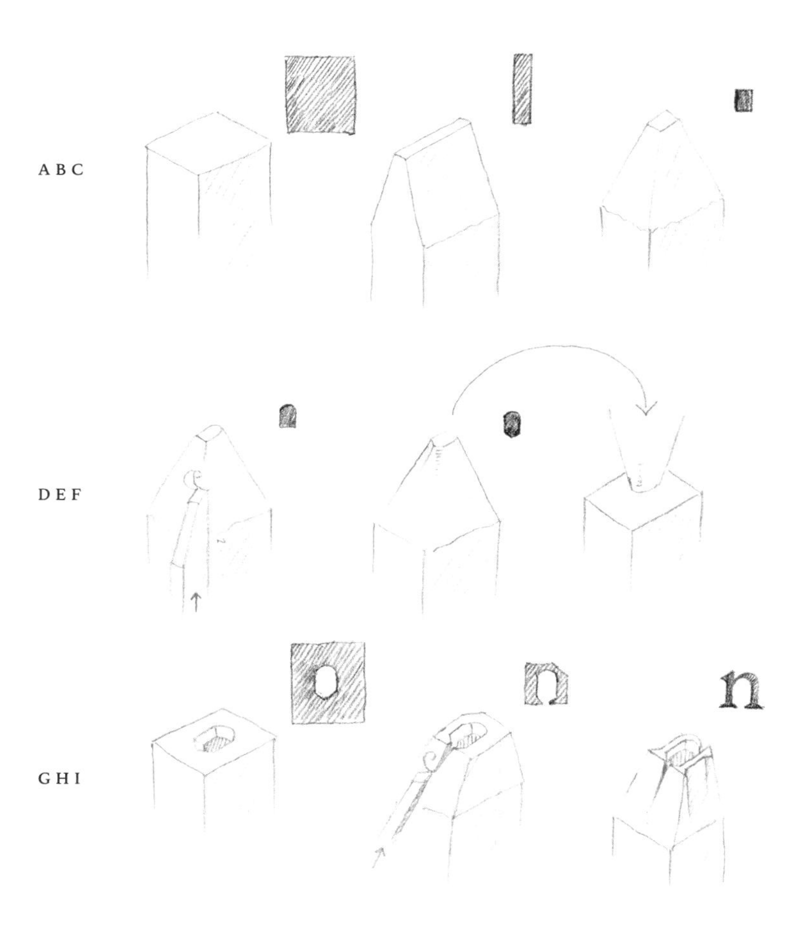

11.2　字冲的制作步骤：字冲雕刻师从一块钢的正方形横截面开始制作字腔字冲（A）；用粗锉刀快速成型（B、C）；当字腔字冲接近完成的时候，用雕刻刀对形状进行微调（D）；然后将完成的字腔字冲淬火硬化后敲击到另一块（未经硬化处理的）钢上（E、F）；字腔字冲在即将成为字冲的钢条上留下印迹——形成字腔的孔（G）；用粗锉刀去除字冲上多余的金属（H）；最终的字冲呈现出镜像的字母（I）。

一个真正的继承者。

尽管如此，在法国国家印刷所平静且颇具学术性的环境中，某种工作方法却经过了几代人的改进。改进的结果呈现为高超的技术和职业素养。当你必须雕刻非拉丁字符的复杂形状时，使用凿孔方法是可以理解的。但是当你处理罗马字母简单、重复的形状时，使用凿孔方法则是有问题的。但重申一次，当雕刻师关于铅字的任何见解都无关紧要，他们的唯一目标是将技能服务于他人制定的严格规范时，使用凿孔法是可以理解的。这使他们

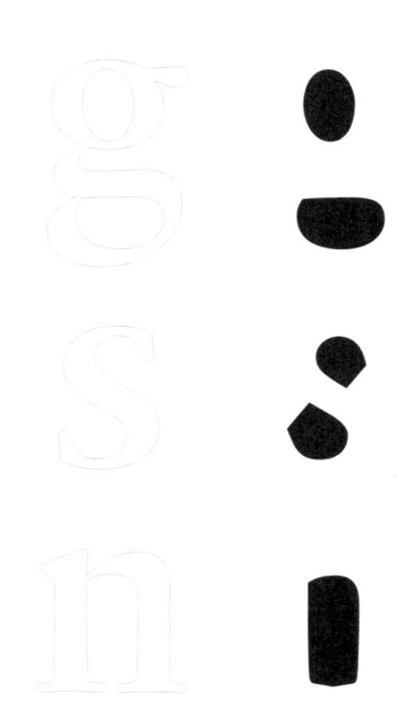

11.3　两种字冲制作方法之间的差异也可以视作思维方式上的差异。“凿孔雕刻师”的思路是勾勒脑海中的轮廓，而“字腔字冲雕刻师”则使用的是形状和表面区域。16 世纪的字冲雕刻师肯定混合使用过这两种技术，但字腔字冲提供的是一种可靠的基本方法。

在复制历史上的字冲时达到了惊人的极致——复制每一个断裂和瑕疵，从而使我们可以制造出新的铜模来铸造“历史上的”铅字，且不会对原字冲造成任何风险。这一结果惊人而又成功。

无论在哪个国家，我认为凿孔法在以下条件下都是一种劣质的技术：第一，用于制作罗马字母铅字；第二，字冲雕刻师在没有任何严格规范限制的情况下工作，换句话说，当他同时也是字体设计师的时候。有证据表明，一些早期的字冲雕刻师有时会使用凿孔方法，比如加拉蒙和格朗容，但他们对这种方法的使用并不一致。

我几乎可以肯定，范登基尔只在非常必要的情况下才会使用凿孔技术，比如制作 Civilité 体大写字母这种非常复杂的字符时。凿孔法与常规的雕刻技术非常接近，而铅字的字冲雕刻（punchcutting）和雕刻（engraving）之间存在本质的区别。

16 世纪的字冲雕刻师的产品的最终目的是印刷，即提供一个二维图形。但在制作字冲时，他必须从三维的角度考虑字母。从这方面来看，字冲雕刻师与能绘制整齐平滑的“印刷”字母的人相比，更接近雕塑家。但是，雕刻师（engraver）与绘图员（draughtsman）之间的共同点远胜于字冲雕刻师（punchcutter），更不用说雕塑家（sculptor）了。

在这门学科的大部分文献中，“雕刻师”和“字冲雕刻师”这两个术语常常互相混淆。“字冲雕刻师”会被称为“雕刻师”，尽管“雕刻师”却从未被称作“字冲雕刻师”。在英语中确实如此，而大部分文献都用英语写就；同样的误会也可能发生在其他语言中。我们经常读到字冲雕刻师“雕刻”（engraves）字冲。但是在现代英语中应该用“cuts”，而不是“engraves”，除非字冲真的是被挖凿而成的。

粗略地说，雕刻师的目的是凿出齐整的轮廓。而字冲雕刻师要制作并检查形状，这些形状是指所有表面而不仅是字腔或外轮廓。并且，这些表面需要从三维角度去考虑。沃伦·查普尔（Warren Chappell）罕见地明白这一点并写下了关于“字冲雕刻的雕塑层面”的短文。* 后来，他作为鲁道夫·科赫（Rudolf Koch）的学生，自己做过一个小型字冲。从这个角度再次思考制作一个铅字的过程，其建筑和雕塑层面的意义变得更清晰了。后续的章节会对此做进一步说明。

* 沃伦·查普尔：《印刷文字简史》(*A Short History of the Printed Word*)，纽约：阿尔弗雷德·A. 克诺夫出版社（New York: Alfred A. Knopf)，1971 年，第 46 页。

12　钢铁的乐趣

字冲由钢材制成。大多数人认为钢是一种坚硬、沉重、冰冷、顽固和强韧的材料。以上这些属性显然不招人喜欢，往往还是负面的。尽管字冲是用钢材制作，但在字冲雕刻的实践中，制作正文字号字冲时几乎无法察觉这些负面特性。

一个字冲首先就是一根小钢条，重量很轻，就其尺寸而言，这个重量是令人愉悦的。用大号粗锉刀可以快速、轻易地削掉钢条上需要去除的主要部分。完成后，再用精细的小锉刀粗略地塑造字冲和图像。当这些精细的锉刀显得过于粗糙，使用它们有削去过多钢材的风险时，就把它们搁置一旁。最后，用雕刻刀对字形进行精修。* 这种雕刻刀只不过是具有平角、负角，甚至正角的切割角度的淬硬的金属小细条。这个金属条会被插入手柄中。雕刻刀的刀刃可以是任何形状，能帮助你实现你想要的任何字母形状。

字冲雕刻师的雕刻刀并不是现在仍然可以买到的优雅且昂贵的雕刻师刻刀。字冲雕刻师的工具比雕刻师的要短得多，这样使用起来更好控制。因为切割角度和形状的不同需求，字冲雕刻师需要很多雕刻工具。雕刻刀会被经常性地改变形状，以完成特定的造型。把雕刻刀软化，用其他雕刻刀给它重新塑形，再将它硬化并磨快，就可以使用了。所有这些步骤需要十分钟左右。

*　但是在法国国家印刷所工作的字冲雕刻师不使用雕刻刀来微调字形。他们会一直使用非常精细的锉刀来完成。

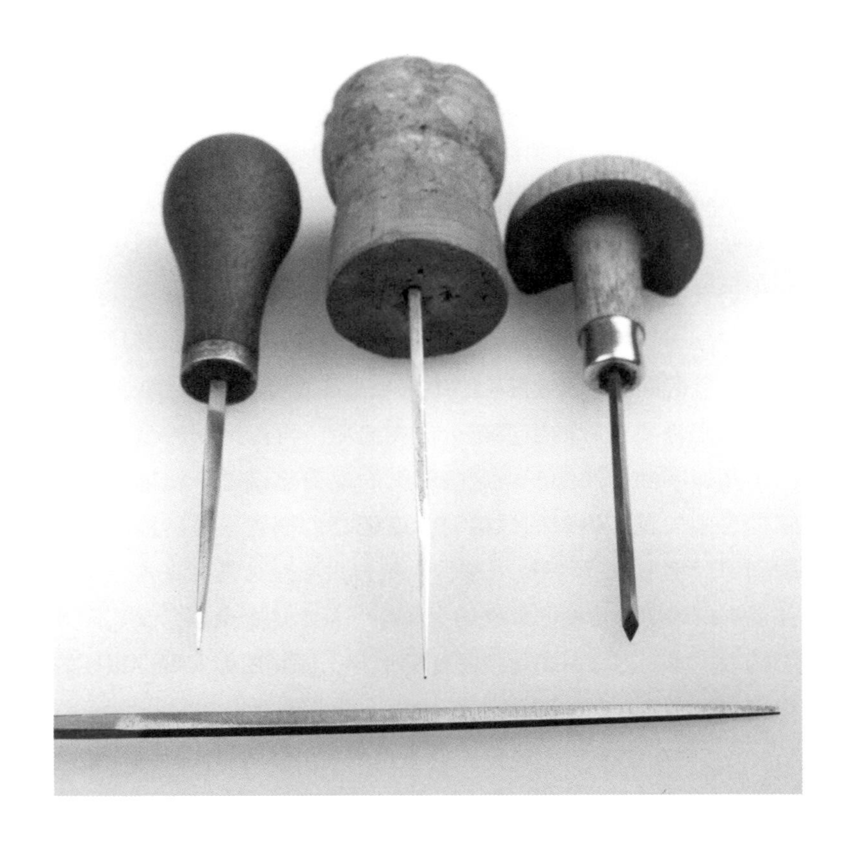

12.1 这里展示了一些实际尺寸的雕刻刀。左边：由一把旧锉刀制作而成，方刀，中号。中间：圆刀，中号，配香槟软木塞手柄。右边：斜刀，大号，配一个较常规的手柄。底部：一把锉刀，方形截面，刀刃冲着我们。为了使锉刀便于在手指间平滑地移动，锉刀贴合手指的一条棱（和棱两侧相对的两个面）制作得很光滑。香槟软木塞圆刀出自克里斯蒂安·帕皮（Christian Paput）之手。这样的手柄非常舒适，容易握持。它也为每个字冲雕刻师都能改良和发明自己的工具和工作方法的观点提供了例证。

处理设计中的特殊细节时改变雕刻刀的形状很有必要。字冲雕刻师用这种方式为自己提供特殊的曲线和角度。为了准确且愉悦地工作，你的雕刻刀必须锋利。要测试其锋利程度，只需要将雕刻刀放在你的拇指指甲上。在没有任何外力的情况下，你会感觉到它轻微陷入你天生敏感的指甲中。如果你可以轻松地从指甲上削出卷屑，那么雕刻刀就足够锋利了。

如果我们把这个雕刻刀以一定的角度靠在字冲上，雕刻刀的刀刃就会自己钻入字冲未淬火的钢件中，和在拇指指甲上一样简单。在相当轻的压力下（甚至不能说是在用力）向上推雕刻刀，就可以切下一小片钢卷。再稍微多用一点力，钢卷就会变厚。如果你的手能保持平稳，则可以削出长卷，甚至能达到 3 毫米长。此时钢似乎不再是钢了，它在视觉和触觉上更像是冷黄油：用刀

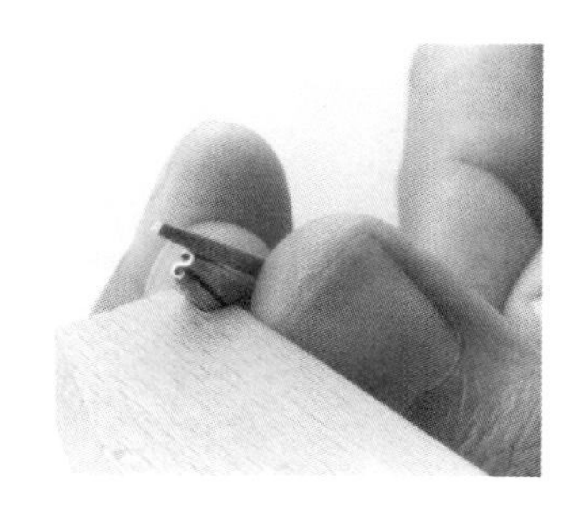

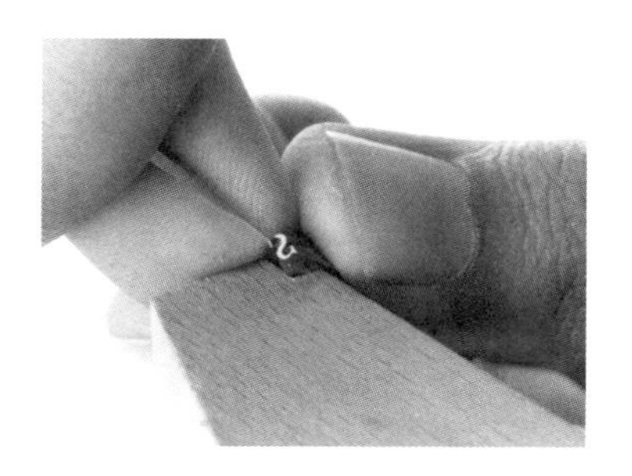

12.2 使用中的锉刀。锉刀在字冲上侧的字肩上来回摩擦，手指在其光滑的两侧控制、操作。

12.3 凿刻的过程。用雕刻刀改变字腔，从字冲的表面向下侧操作。这块木头是个“配件”，有一个可以放置字冲的切口。

切出大大小小的黄油卷时也能感受到同样的轻松、阻力和快感。然后，你会在这种具有如此坚固而精细的结构的物质中感到乐趣，我们称这种物质为钢。

一块钢和一把雕刻刀会有什么可能性呢？为了了解字冲雕刻师的精确度，我们可以尝试在他们的技术和我们现有的技术之间做一个比较。如上所述，由雕刻刀切下的小钢卷，厚度为 0.01 毫米至 0.001 毫米。我用电子显微镜测量了这些卷屑 [12.4, 12.5]。它们绝不可能是最薄的，但至少这些信息给了我们

12.4　由雕刻刀切割的钢卷。该电子显微镜照片显示的是放大到实际大小 40 倍的效果。“0U”上方的水平线代表 100 微米（即 0.1 毫米）。

一些数字和进行比较的可能性。那么，0.01 毫米应该折算的 dpi（每英寸点数）值是多少？是 2540 dpi。换句话说，字冲雕刻师可以轻松地处理铅字的轮廓，其精度至少与我们的高分辨率图像输出机的精度相同。

这种对比非常粗略，应该被进一步扩展并更好地阐释。但是数字并不能说明一切。数字代表着步骤，字冲雕刻师不是按步骤工作的——任何人都不是。字冲雕刻师通过模拟而非数字的方式工作。

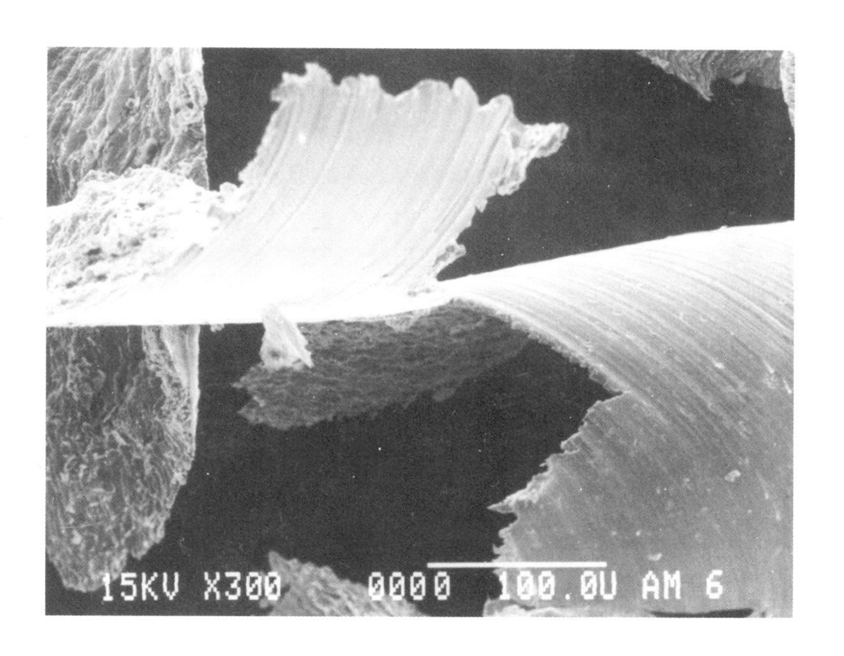

12.5 将图 12.4 的中心部分进一步放大到实际尺寸的 300 倍。水平线仍然代表 100 微米。

13　富尼耶论字冲雕刻

> 字冲雕刻师的艺术在于：了解字母的最佳形状和字母之间的恰当关系，并能将它们复制到钢块上；这样，字冲就能敲击到铜上制成铜模，铜模就可以在之后铸造出任意数量的铅字了。*

这是一个很好的定义，虽然皮埃尔·西蒙·富尼耶在他的《活版排印手册》（*Manuel Typographique*, 1764）中承认“字母的最佳形状是个人品位的问题，所以这一点不必赘述”。关于“字符之间的恰当关系”，他也几乎没说什么。字母的字号必须相同，它们必须基于基线设计，彼此不要距离太近或太远。他的话很随意，对我们来说没有太多价值。他的书，与其他同类文献一样，很少写到关于字体的要点：字体的工作方式、字体间的异同。据富尼耶的翻译兼编辑哈里·卡特所说，我们的词汇量太有限了。即便如此，富尼耶仍然揭示了一些“在钢件上复制字母”的内容。他的讨论与必要的实践研究相结合，将有助于我们进一步理解。当然，首先你应当去阅读富尼耶的《活版排印手册》，至少阅读其中涉及字冲雕刻的两章。接下来是哈里·卡特版《富尼耶论铸字》的第 2 章和第 3 章，该版本带有卡特的脚注。之后，我对富尼耶所述的内容补充了一些想法：相关注释会夹在富尼耶的文章中，例如“▶1”。

*　卡特：《富尼耶论铸字》，第 21 页。为了与本书在编辑上保持一致，我们在引用哈里·卡特版本的《富尼耶论铸字》时，对某些词汇的拼写进行了一些非常细微的改动。为形成统一的序列，卡特的注释已被重新编号。

字面量规

字面量规（face-gauge）[1] 是一小片长方形的黄铜、铁皮或锡，厚度如一张卡片，上面标有字母应有的高度：这是一个需要预先考虑的东西。▶1 为了成功地完成工作，我设计了以下方法。我把要雕刻的字母的字身七等分，矮字母占三个单位，带有上伸部或下中部的字母占五个单位，长字母占七个单位，即整个字身高。后附的草图可以充分解释这一点。[2]

ma Md pq jQ

这些高度一旦确定，就要把它们标记在量规上。为此，我将挑选出来黄铜片的四个角矫正为直角，然后用钢尖刻上定位点，用可调三角板协助钢尖定位。这个可调三角板也称为斜角规（bevel），它有一个平直的可动的臂尺，用螺钉与一个较厚的直立部件交叠固定。将该斜角规与黄铜片相对放置。我首先在量规上绘制一条垂直线，以确保字母垂直；接着，利用设置为三个单位、五个单位和七个单位字身高度的分线规，在量规的整个面板上绘制出对应宽度的定位线。然后，用锉刀将铜片定位线之间的小方块取出来，在对应的位置留下缺口或孔洞，量规就做成了。这块铜片的一侧上需要有四个缺口，即用于长字母的七单位格；用于带上伸部和下伸部的字母的五单位格；用于短字母的三单位格；以及用于小型大写字母的

---

1. 通常使用的是可调节的量规。
2. 请注意，这只是一个说明性的图示，不是量规的样式。
如果富尼耶把 x 作为标准的小写字母，那么他采用的比例关系与卡斯隆（Caslon）的相同。

三个半单位格，因为小型大写字母必须比其他短字母稍大一些才能看起来和谐。带上伸部或下伸部的字母，例如 d、h、y，需要用两种量规测量，整个字母占整个字身高的五个单位，其中字碗或中间部分占三个单位，且应与短字母保持一致。罗马体字母就这些内容。

量规的另一侧用于意大利体字母。它们的水平线与罗马体的水平线是同时绘制的；只需再从量规的顶部到底部绘制一条斜线，以获得意大利斜体的倾斜度。但是，由于所有的斜体字，无论大小，都应该具有相同的斜度，所以黄铜片上标记的这一条斜线必须用作衡量所有字母倾斜度的标准。为了制作这种量尺，黄铜片的一个角被处理成方形，另一个则被切成钝角，让它形成期望中的意大利体所具有的斜度。这个小金属片被称为直立意大利体量规[3]，它将作为所有意大利体斜度的标准。将它放在斜角规的移动臂尺之下，倾斜该移动臂尺使之与意大利体的斜度保持一致，从而在量规上给出正确的斜率。

因此，一侧用于罗马体而另一侧用于意大利体的量规可以测量那些最常见的所谓的普通字体。如果希望雕刻一种字面更大的字母，这意味着其中的短字母比前一种更大〔比如（m m）中的第二个 m〕，量规上用于短字母的三单位格的高度会被加大，或者被用于小型大写字母的第四个格子所代替。这就缩短了 d、q 等字母的上伸部或下伸部，它们的字碗变得更大。上伸部或下伸部不能延长，因为它们会超过字身高，无论是大字面还是小字面，字身高总是相同的。我们能做的只有让这些有上伸部或下伸部的字母更紧密地贴合在量尺的第二个格子内，甚至将第二个格子稍微放大一点也是可以接受的，因为大字面的短字母在字身中间部分占据更多的空

---

3. 通常的倾斜角度为十五度，或比十五度稍大一点。为了看起来一致，像 i 这样的“挂钩形”笔画必须比其他的倾斜角度更大一些。

间，上伸部起点变低，下伸部起点变高，这给它们带来了一点点额外的增加高度的空间。▶ 2

在切割量规时最需要留意的一点，即用于意大利体短字母的格子要稍小于罗马体的。如果它们大小相等，则意大利体在印刷出来后，看起来会比罗马体大，因为当两者占据相同的空间时，倾斜线会比竖直线更长。[4]

其他字母的量规依据它们的尺寸和形状用同样的方式切割，必须小心谨慎，因为所谓的字母扫读（scan）就取决于此。[5] 一把量规，尤其是它的短字母的部分，做得过大一点或者过小一点都会导致前功尽弃。单独测量一个字母时，可能看起来并没有明显的过大或过小现象，但上万个字母印成的印刷品会使错误重复上万次，因而小到不能再小的错误也会导致结果与预期背道而驰。当笔画相对于它的长度而言太粗或者太细时也会出现同样的问题，这使得字母看起来笨拙且有缺陷，而且没有理由地总是很容易被察觉到。

因此，字母的大小是由量规确定的，字冲必须根据它来雕刻。

字冲与字腔字冲

字冲是雕刻在钢条上的字形。为了制作字冲，应该选择质地良好、尺寸合适的钢块，它应该纯度高且没有瑕疵：德国钢材比英国

---

4. 这个方法很少用。通常的做法是降低意大利体的版面灰度。富尼耶因为他的 Petition 字体的意大利体字重过重而被一位注释者批评：Bibl. Nat. Ms. fr 21117, no. 18.
5. 字母扫读，即字体的整体效果。“扫读”（scan）是美语用词，它可以方便地表达法语的“扫视”（coup d’oeil）。

钢材更受欢迎，后者对于这类工作来说太细、太脆。[6] ▶ 3

在制作字冲之前，我们要先制作字腔字冲[7]，它们赋予了字母内部的形状。首先必须在小钢条上划出这个形状，就如它将在纸上呈现的那样。以下是这些形状与字母并置的例子：• e ▪ E ▪ a ▪ m ▪ M ▪ d ▪ h。有些字腔字冲会用于好几个字母 ▶ 4：例如，形状 ▪ 将用于 b、d、p、q，形状 ▪ 用于 h、n、u。这同样适用于一些别的情况。没有内白空间的字母，如 i、I、1、r 和其他类似的字母，不需要字腔字冲，只需要用锉刀直接切割来制作字冲。但在其他情

---

6. 即使在德国，英式铸钢也是不变的媒介。普雷希特尔（Prechtl）：《技术百科全书》（*Technologische Encyklopädie*），斯图加特，第 16 卷，1850 年，第 395 页；巴赫曼（Bachmann）：《字体铸造厂》（*Die Schriftgiesserei*），莱比锡，1867 年，第 19 页。富尼耶的淬火方法对于精钢而言过于极端。

7. 可以注意到，许多字腔字冲会在字冲上制造不止一个凹痕，例如：A、E、a、e、s、ffl。因此，字腔字冲的某些部分必须用锉刀或雕刻刀切掉，或者用字腔内笔画字冲冲压下去。

8. 在德国，纯手工的字母雕刻艺术仍然蓬勃发展。现代学校指责使用字腔字冲是技术不成熟的表现，因为字冲密度的不均匀会导致它在击打中变形。他们用雕刻刀凿刻出字腔。老牌作者们则一致反对，例如布赖特科普夫在他的《邮票切割与字体铸造厂消息》（*Nachricht der Stempelschneiderey und Schriftgiesserey*，1777 年，第 8 页）中说："拙劣的字母雕刻者如果不了解如何软化和硬化钢材料的技法，就只能用雕刻刀把字冲上字母的内白凿刻出来。但是用这种方法，字母会丢失许多曲线的均衡性和字干的笔直度。而熟练的工匠会让字腔字冲与字母的内部完全对应，一劳永逸地把它敲击到字冲上，最后用锉刀去掉→

况下必须使用字腔字冲，使用别的工具不可能把字腔雕琢得如此均匀和完美。[8] 字母形状是否完美取决于字腔字冲的准确程度。为了确保它的精确，字冲雕刻师将它轻轻地敲击到一个铅块或铅字上。▶ 5 用锋利的小刀切掉印痕旁边由于金属受到冲压而产生的毛刺后，雕刻师用钢尖在印痕外部画出字母，然后用相应的字面量规对它进行测量，就可以知道字冲的形状和大小是否合适。▶ 6 字冲雕刻师可以放大、缩小或重新制作字腔字冲，直到通过字面量规测量出字

←字母以外的部分。”弗莱希曼和约翰尼斯 · 恩斯赫德〔《字母样本》(*Proef van Letteren*)，1768 年〕，以及《关于字冲雕刻的简明实用指南》(*Kurze doch Nützliche Anleitung von Form- und Stahl- Schneiden*，1754 年，第 73 页）的作者埃尔富特，同样强调了这种观点。没有那么权威的罗 · 莫雷斯〔Rowe Mores，见里德（Reed）：《老牌英文字母铸造厂》(*Old English Letter-foundries*)，第 300 页〕和德温恩〔De Vinne，《平版印刷字体》(*Plain Printing Types*)，第 15 页〕都持相同观点。
使用字腔字冲的主要优势是铅字的字腔可以做得更深，从而使得印刷时不容易被油墨填满，仅适用于使用带有软毛毡的老式印刷机的情形。❧
英国 19 世纪具有高技术水准的“现代”和“旧式”字体都是用字腔字冲来制作的。而另一些非常精美的字体，如翁格尔（Unger）的 fraktur 字体和马赛兰 – 勒格朗（Marcellin-Legrand）的 nouvelle gravure 字体，显然是用雕刻刀完成的。
用字腔字冲雕刻 fraktur 字体会有很大的困难，特别是大写字母。

❧ 这里主要指的是 1800 年之前欧洲的西式活版手工印刷机，纸张厚而且粗糙，用毛毡的目的是增加印刷的贴合度。——译者注

母是准确的。

当大量字腔字冲制成时，会通过加热和快速降温使其硬化，以便它们能够作用在字冲上。

字冲是被切成统一长度的钢条，大约两英寸长，通过在极高温火焰中退火使它们软化。当字冲加热至呈火红色时，将炉子上盖降温，把字冲留在炉内使其缓慢冷却。

还有另一种对钢件进行退火的方法可以使其在工作中更柔软，更易处理，特别是必须使用雕刻刀的装饰部分。将钢屑放入坩埚中，用柴火中的烟灰填满缝隙。给坩埚盖上盖子并用火泥夯实，然后放入火中。当坩埚完全变红时，就熄火让它逐渐冷却。这些操作将使钢材更柔软，更具延展性，在对其使用字腔字冲或雕刻刀时，受到的阻力会更小。接下来，把钢块的一端用锉刀锉成正方形，然后放入木桩中[9]，木桩中间有个约一英寸半宽的方形空心，其中的字冲由两个螺钉固定。将字腔字冲放在字冲上方[10]，用锤子将其打进去，留下压痕，这是字冲制作的主要部分[11]。

---

9. 这不是必需的工具。只要让字冲的下端靠在坚固的东西上，只用虎钳就能起作用。

10. 如果字腔很小，只需要把字腔字冲放在字冲表面的中心，然后打进去即可。字冲的字面宽度必须至少是字腔宽度的三倍。如果字腔的面积相当大，例如 12 点大写字母，则应使用小凿子在字冲上先凿出一个凹槽，并将字腔字冲的尖端削圆。这样可以避免字腔字冲在字冲上“滑动”而导致敲击出的凹槽大于自身的尺寸。一些字冲雕刻师使用由两个“木桩”组成的装置，其中一个木桩以另一个为参照，可以向两个方向移动。有了这个装置，他们可以将字腔字冲固定在字冲上方的正确位置，并在敲击时不必担心它产生位移。在两次敲击之间可能需要对字冲进行退火处理。

对小字号字母而言，印痕或字腔的深度可以是四十八分之一英寸，较大字号的字母则可能会相应地更深。[12] 这是我们之前的艺术大师们从他们制作的字腔中观察到的规则，而且由于他们的字母始终被成功地使用，这一规则被认为是行之有效的。

几年来，他们一直在荷兰雕刻字冲，他们的字腔深度更大了；[13] 这样做当然没有任何坏处，但也没有任何优势。然而，有些人称赞这种不寻常的深度是最必要的事情。如果字母像那些有磨损但是剩余部分也还能用的东西的话，那他们可能是对的；但字体并非如此，除了磨损会使得字母边缘逐渐圆润而失去正确的轮廓，从而导致类似纸张厚度的轻微深度损失外，字母字腔的深度始终不变。这就是为什么尽管字母被磨损变形了，但是字腔的深度与最初无异或差异甚微。结果就是，无论铸造时字母雕刻得是深是浅，它都会被磨损，

---

11. 因为字母的形状是由字腔的形状决定的。当单独使用雕刻刀时，字冲雕刻师把字母画在字冲表面，有时会涂上掺了胶的锌白。甚至还有可能把字母翻拍到字冲表面〔蒂博多（Thibaudeau）：《印刷字体》（*La Lettre d'imprimerie*），第 480 页〕，但这似乎是不可思议的，因为它需要耗费较长时间。

12. 字腔的深度必须取决于其宽度。卡斯隆的派卡字号的小写 o 大约是富尼耶提到的深度，而且这个深度足够了。1723 年费特尔（Fertel）曾抱怨当时法国铅字的凸出部分高度不够。德温恩（《平版印刷字体》，第 16 页）认为富尼耶提到的深度证明了费特尔的抱怨事出有因。

13. 在他们 1744 年至 1768 年的字样广告中，恩斯赫德公司的文案夸耀道：“通过字腔字冲，（弗莱希曼的）铅字制作得比字冲雕刻师过去或者将要雕刻的深度大得多。因此，我们的字体可以比其他字体更耐用。”

回炉重铸时它的深度和新的并没有太多差别，唯一不同的是那些不受字腔深度影响的轻微损耗。因此，具有异常深度的字母不会比具有足够深度的字母更耐用。

但是，他们说，一个字腔深的字母比字腔浅的更不容易被油墨填满。对此的解释来自一个众所周知的事实，即字母的字腔从来不应该被油墨填满。如果发生这种情况，则说明论及的油墨是浑浊而劣质的，因为油墨把字腔填满会导致笔画变粗，而这在印刷厂是永远不允许出现的。把油墨的问题归咎于字母是不对的，但这种错误并不罕见。因此，我认为在这里有必要强调这一点。

所以，我认为小字号字母的字腔，如一个努泊里（Nonpareil）到一个小派卡（Small Pica）或派卡（Pica）大小的字母的字腔应该大约为四十八分之一英寸深，❧ 如想要更深也可以，但它们产生的效果是一样的。我提供了一些这种深度异常的铅字，以取悦那些可能在乎这个问题的人，虽然我本人认为这没有必要。但是，字母必须达到我提到的深度，而且较大字母的深度必须与它们的大小成比例；否则，字腔的底部与字冲表面几乎处于同一平面，纸张在压力下可能会导致油墨流入并被印出来，这将是个严重的错误。

还有另一件字冲雕刻师应该防范的事，即无论是在用字腔字冲处理内部时，还是用锉刀处理外部时，将字母的字肩[14]做得太大。这种缺陷会使铅字磨损过程中很难看地变粗。

用字腔字冲在字母中间制作好字腔凹槽后，接下来是削掉外部的金属。首先，用粗锉刀对字冲精细地打磨，再使用小的锉刀处理字母的轮廓；操作时可以将字冲靠在一个固定于工作台的凸出小木头上[15]。接下来，将字冲放入一个两英寸高的角形套件（angle-

❧ 一个努泊里相当于 6 点，约等于 2.117 毫米；一个派卡是 12 点，约为 4.233 毫米；一个小派卡是 11 点，约为 3.881 毫米。
——译者注

piece) [16] 中，角形套件放置在油石上以面向字冲。这个角形套件被称为字面打磨器（facer），它很可能是木制的，其下部带有铁板以增加其强度。把字冲放置在角形套件中，最重要的是让它保持角度不变，这样才能保证它与石头的关系始终不改变，用右手拇指以一定角度牢牢地握住它，然后双手和打磨器一起协作在石头上来回打磨字冲。以这种方式不断摩擦，字母会获得一个均匀、水平和光滑的表面。

如果一个带着字肩的字腔字冲被敲击得太远，则会使开口太大，无法契合字母的合适量规。在这种情况下，必须一点点地对字冲表面进行修整或者将字冲表面向下进行切削，同时，字母的轮廓也要按比例锉削，直到字冲具有恰当的尺寸、形状和笔画粗细。尺寸通过量规进行测量，笔画的粗细借助那些达到字冲雕刻师满意程度的字冲来测试。那些作为样本的字冲，不断地被用于与字冲雕刻师正在制作的字冲进行对比。

字母 m、M 被用作标准，前者用于小写字母，后者用于大写字母。必须牢记的是，如果没有试印字冲，就不可能判断它的完美

---

14. 字冲的制作应该尽可能地保证铸造出的字母的任何字肩部分都不超出铅字字身以外。如果字体有这样的凸出部分，那打磨时需要格外注意。

15. 这是与视线高度接近的工作台上水平横向凸出的一块硬木。前端是一个缺口（或几个不同尺寸的缺口），锉削过程中字冲被固定于此，莫克森称之为“钉”（tach），现在它通常被称为“销”（pin）。

16. 现在普遍使用的字面打磨工具（facing-tool）的形状如图所示，

顶部是黄铜，平的底座是钢。如果使用得当，富尼耶的方式同样不错。

程度，因为这些字母都是镜像切割的，如 Ɔ、ᗡ、Ǝ、ꟻ，当处于正确的方向时，很容易看起来不一样；况且钢材令人愉快的抛光效果也具有欺骗性，所以看起来非常出色的字冲，印出来后可能完全不一样。为了获得印出来的效果，将字冲放在蜡烛火焰中加热，擦去字腔中所有的油脂和由于钢件冷却产生的湿气。之后用布擦拭字冲，再将它放人蜡烛的烟雾之中熏黑，把它轻轻压在一张潮湿的，或用哈气湿润的卡片上，字冲会在卡片上留下完美锐度的黑色印痕。▶ 7 通过这种正确的方式，可以判断这个字母是完美的，还是有缺陷的。

第一次印制之后总会有些东西需要纠正，过细的笔画通过在油石上打磨来加粗，过粗的笔画用锉刀减细。如果字母的内部需要扩大，用稍微淬火过的边缘锋利的尖头小钢刀把不需要的部分切除，这个工具称为刀形锉（knife-file）。为了提高强度，尖头到手柄的距离不应超过四分之一英寸。为此目的，我使用过的最好的工具是一个小型英式锉刀的一半，叫作半圆锉（half-round），长约一英寸。这些小锉刀非常坚硬且容易断裂：需要将切断的一端插入带有长的金属包箍的手柄中，并用密封蜡固定住，然后在石头上把刀尖打磨锋利并开刃。通过这些方法，字冲逐渐被赋予适当的形状、尺寸和优美外形。

希腊文、希伯来文、叙利亚文、阿拉伯文和其他文字的字母都以相同的方式雕刻，但量规的切割会随字符的特性而变化。例如，希伯来文没有大写字母，仅由小写字母组成，其中一些字母具有略低于基线的下伸部，字母又宽又粗，基线间空间狭小。而小写的希腊文只有同样字身的希伯来文一半的大小，因为像罗马字母一样，希腊文包含形态各异的大写字母、短字母、带上伸部字母、带下伸

---

17. 见第 116 页至 117 页。

部字母以及长字母。其他东方字母也是如此，它们的形状、大小各不相同。由于我在之前的章节里给出过的原因，字冲雕刻师必须抓住他要雕刻的字母的精神和风格，以便让他切割的量规精准地与字母吻合。[17]

关于为字母赋予的可能的最佳形状，书写是无法表达的，这是字冲雕刻师的品位和辨别力的问题，正是这一点可以体现出他的精通或无能。有一条稳妥的规则是，字冲雕刻师在正确理解字母的设计，或者得到使他能够把握字母的流行样式，并做出他认为必要的修改的范式之前，他应该什么都不做。例如，最近大写字母发生了这样的变化，为了实现轻巧的效果，它们的角变方了，而以前它们是略微凹陷的，这个变化其实使得字母看上去更重了。小写字母上所有的角也都进行了同样的处理。▶ 8

▶ 1　　（第 115 页）

富尼耶描述的量规是一个可能的选项。但在实践中，它制作起来困难、烦琐、不够准确，而且也没必要。譬如，另外的一种方法是制作类似字冲的钢件。它们的形状与字冲相同，但上面没有字母，只是正方形或矩形 [13.1]。你可以制作几个这样的字冲式量规，分别用于 x 高、大写字母高、上伸部和下伸部。这些量规具有以下优点：你可以制作量规的烟熏校样，并将其与字冲的烟熏校样进行比较。制作这些工具要比制作富尼耶的工具容易得多，尺寸也更精确。事实上，这些量规具有与字冲本身相同的精度，它们是用与真实字冲相同的工具、材料和制作方式完成的。把字冲和量规放在一起很容易进行比较，将它们的字面相对放置在光线下，可以非常精确地测量尺寸。你还可以用这种方法检查字肩的倾斜程度 [13.2]。这种测量方法与人类自身一样古老，在显微镜发明后才停止使用。富尼耶的量规是学术性的，它合乎逻辑且易于遵循，但在实践中还有其他更好的方法。每个字冲雕刻师都有自己的习惯和变化。

13.1　左侧是一个像字冲一样的量规。右侧是它的截面图形，显示出三个测量值：x 高、上伸部和下伸部的长度。图形的缺口给出了基线的定位。像这样的量规经过淬火硬化处理，可以频繁使用。

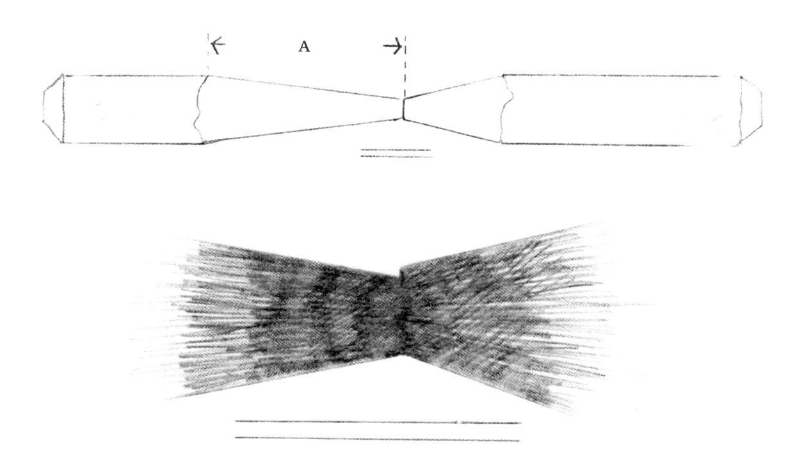

13.2 使用字冲式量规（左）可以轻松检查字冲的字肩（A）角度是否需要优化。

富尼耶为普通罗马字母提供的设计比例是粗略和常规的：x 高 3 个单位、上伸部 2 个单位、下伸部 2 个单位。在实践中，字冲雕刻师遵循他们自己的感觉，判断什么是正确的。有许多例子与富尼耶提出的字母比例不同。在这里，富尼耶的见解感觉像是写给初学者的。

▶ 2 （第 117 页）

这是一个奇怪的段落。富尼耶在这里谈到关于雕刻一个 x 高大于其字身本该有的 x 高的字体。他经常提及他的量规需要调整。x 高变大时，上伸部和下伸部就必须缩短，否则它们会超出字身。所以，x 高增大是以牺牲上伸部和下伸部的高度为代价的。富尼耶对此并不清楚。现在，我们倾向于下伸部小于上伸部，但显然那时候对这些比例并没有常规的假设。富尼耶似乎在暗示如果你想要一个 x 高相对较大的字体，你必须完全重刻小写字母。但其次这个问题在 16 世纪就得到了解决：例如，只需要用 10 点的字冲冲压到 9 点的字身上即可实现。唯一需要重刻的字冲是那些有上伸部和下伸部的。这通常由普朗坦及其他可能的人完成。富尼耶没有提及。

▶ 3　　（第 118 页）

正如第 10 章所述，1520 年至 1600 年是字冲雕刻和字体设计的关键时期。唉，我们对当时的冶金知识几乎一无所知。我想它们大多从未被记录过。很多人都知道一些他们认为没什么必要写下来的东西，假设他们能够书写的话。知识是通过实践、展示和交谈进行传播的。很多知识将会消失，并将在之后被重新发现。

碳使钢成为真正的钢。你可以控制钢的碳含量。本韦努托 · 切利尼已经阐述过如何做到这一点了。所以，字冲雕刻师可以使用不同种类和质量的钢材。哈里 · 卡特推荐的英国铸钢是 18 世纪的发明，因此早期的字冲雕刻师无法使用。现在我用的是 C–45。数字 45 代表钢中一定的碳含量。[*] 这是一个标准，材料的来源并不重要。然而，它是相当坚韧的。20 世纪的恩斯赫德公司的传统是采用亨茨曼黄标（Huntsman Yellow Label）。法国国家印刷所保留了这一传统，仍旧使用这种年代久远的遗留材料。经验丰富的字冲雕刻师似乎不喜欢使用当代的标准材料。正如克

[*] 即钢中碳含量为 0.45% 左右。——译者注

里斯蒂安·帕皮所说："现在的钢材并不是为手工作业打造的"。

我们不应该忘记手工艺匠人的特点。保守秘密是符合他们利益的。在那些年代，即使一个医生也会对自己的知识保密，因为这是他比竞争对手更优秀的证明。真正的知识，如果对事物某一特定种类或层面的品质很必要的话，是永远不会免费的。在师父看来，这些知识就是为他的追随者和继承者存在的。但如果师父要在搏斗中丧生或因疾病死去，那么知识就随之消失了。

另一个要记住的事实是，这些知识中有很多是无法用语言表达的。通过语言可以清楚地表达一切，这是一个非常短视的，也许是近来才有的想法。因此，当学生达到一定的经验水平时，师父不会解释，而是直接给他看一些东西。有时候学生会在瞬间理解。有时不会，这样的话，师父会等待一段时间后再试一次。一直以来，师父和学生身边都围绕着一些还不能真正理解他们在做什么的人。但是他们在车间工作，制作出产品。由于这些原因，技艺高超的匠人往往是很难打交道的。他们的技能完全不依赖于书本教育、智力或词汇。

▶ 4　（第 118 页）

这里富尼耶说了一些非常有意思的话："有些字腔字冲会用于好几个字母。"他的意思是你可以在几个不同的字符上使用同一个字腔字冲。他还暗示应该小心保管字腔字冲以便重复使用。唉，对于什么时候字腔就足够好了以及它们彼此之间的关系是什么，他什么也没说。此外，富尼耶说，许多字母，如 i、I、1 和 r，不需要字腔字冲。理论上讲，富尼耶是对的。然而，他的前辈确实会对这样的字符使用字腔字冲。如果在这里使用字腔字冲，你不仅能工作得更快，而且精度也更高。这是因为字腔字冲确保了正确的字干宽度。

例如大写字母 T。图 13.3 示展示了一个典型的字冲。这个小高台是用字腔字冲做的，否则它们不会出现在那里，不用字腔字冲制作几乎是不可能的。而且，这些翘起的小边缘毫无用处，由此也可以推断出它们使用了字腔字冲。反过来，这个字腔字冲则是用字腔内笔画字冲制作的。这个字腔内笔画字冲可以用来制作数个字腔字冲，它类似于大写字母的字干宽度。因此，用一个字腔内笔画字冲就可以确定大多数大写字母的字干宽度。正如第 11 章所述，这种工作方式简单、准确、迅速。你不必为每个新的大写字母寻找字干宽度。人们可以在许多 16 世纪的字冲上找到相关细节，包括大写字母和一些小写字母，如 r 或 f [13.4]。

▶ 5　　（第 119 页）

接下来这一点是富尼耶关于他如何测试字腔字冲的描述。他将字腔字冲敲击到一块铅字块上，用刀子切掉所产生的毛刺（金属屑），并用刀尖在字腔字冲的冲孔周围划出字符的外轮廓。这是极不可能的。为了测试一个字腔字冲，人们确实会把它敲击到一块软金属上，本韦努托 · 切利尼也是这么告诉我们的。然而，用刀刮去或者切掉毛刺是一种野蛮的工作方式，对字冲雕刻来说过于粗糙。这样做，有可能以各种方式造成字腔字冲的冲孔变形。如果你想让字腔字冲的图形精确，毛刺必须抛光处理。你切削这个金属块的表面，就如同你在切削字冲的字面。

富尼耶提到了一个精确的敲击深度（第 121 页至第 122 页），这可能会让我们相信雕刻师可以把字腔字冲推进至恰到好

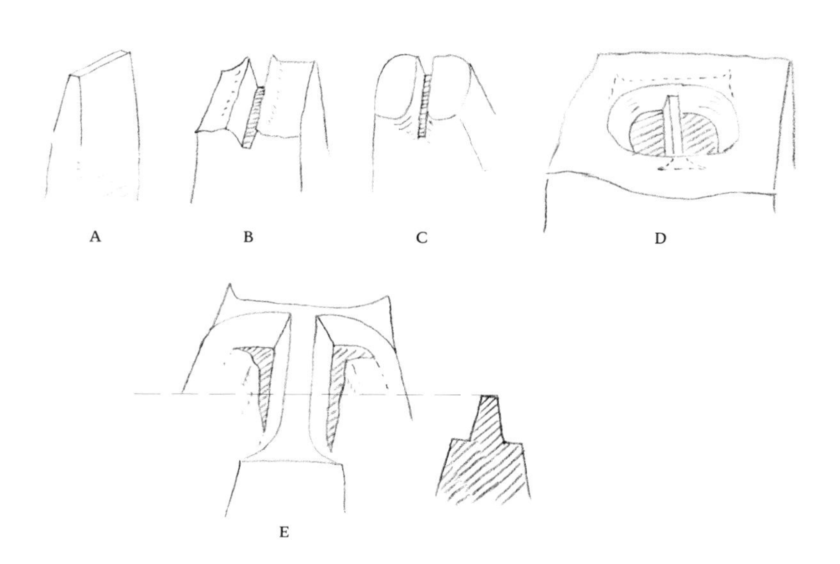

13.3 字腔内笔画字冲（A）、字腔字冲（B、C）和字冲本身（D、E）。把字腔内笔画字冲（决定 T 的字干宽度）敲击到字腔字冲中，将字腔字冲雕刻出适当的形状，淬火后敲击到字冲上，最后确定字冲的外轮廓。

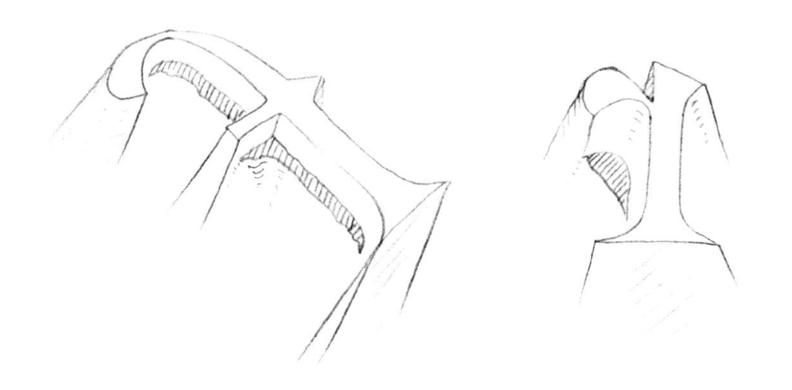

13.4 一些典型的由字腔字冲留下的高台。经验丰富的字冲雕刻师可能会对 f 和 fl 连字使用同一个字腔字冲。对于 r，可能重复使用 n 的字腔字冲。

处的深度。这当然是不可能的。当你用字腔字冲敲击质地更软的铅字合金时，你总会故意地把它敲得太深。富尼耶对此的叙述并不十分明确。即使你尽可能笔直地一下子击中字腔字冲，将它精准推入 1.5 毫米深也是不可能的，就算你可以做到这一点也无济于事，因为你不是在寻求合适的深度，而是在寻求合适的形状和尺寸。它们存在于字腔字冲的某个位置，但你并不知道确切的位置在哪里。

▶ 6 （第 119 页）

富尼耶接着说，将字腔字冲击入铅字块后，用刀子刮掉产生的毛刺，用钢尖在字腔字冲冲孔周围划出字符的外轮廓。这样他就可以看到一个完整的字符。这听起来很合理。他这样记录可能也只是因为它充满理性。也许富尼耶在制作大字号字母时是这样做的，但是他不太可能在小字号上也这样做，因为有太多不同的解决方案了。例如，可以像铜版雕刻师那样，戳掉字腔周围的材料，获得可靠的结果。虽然这里使用的材料质地柔软，但这项工作仍需要花费很长的时间。在我看来，经验丰富的字冲雕刻师确实会测试字腔字冲，检查高度、宽度和其与字腔之间的关系，下文也会提到；但是他们不会通过费心地在软金属上划刻、雕刻和绘画来获得可靠的字形样式。他们不会这样做是因为完成一个非常好的草图所花费的时间几乎与制作实际的字冲差不多，事实是在软金属上画草图这件事几乎对提高制作速度毫无帮助。

在实践中，你根本不会去画或者刻。实际情况是，人们采用了制作烟熏校样的方法。字腔字冲的形状总是呈现为锥形，金属活字坯的有字的底面是由字腔字冲倒置敲击制作的，截面形

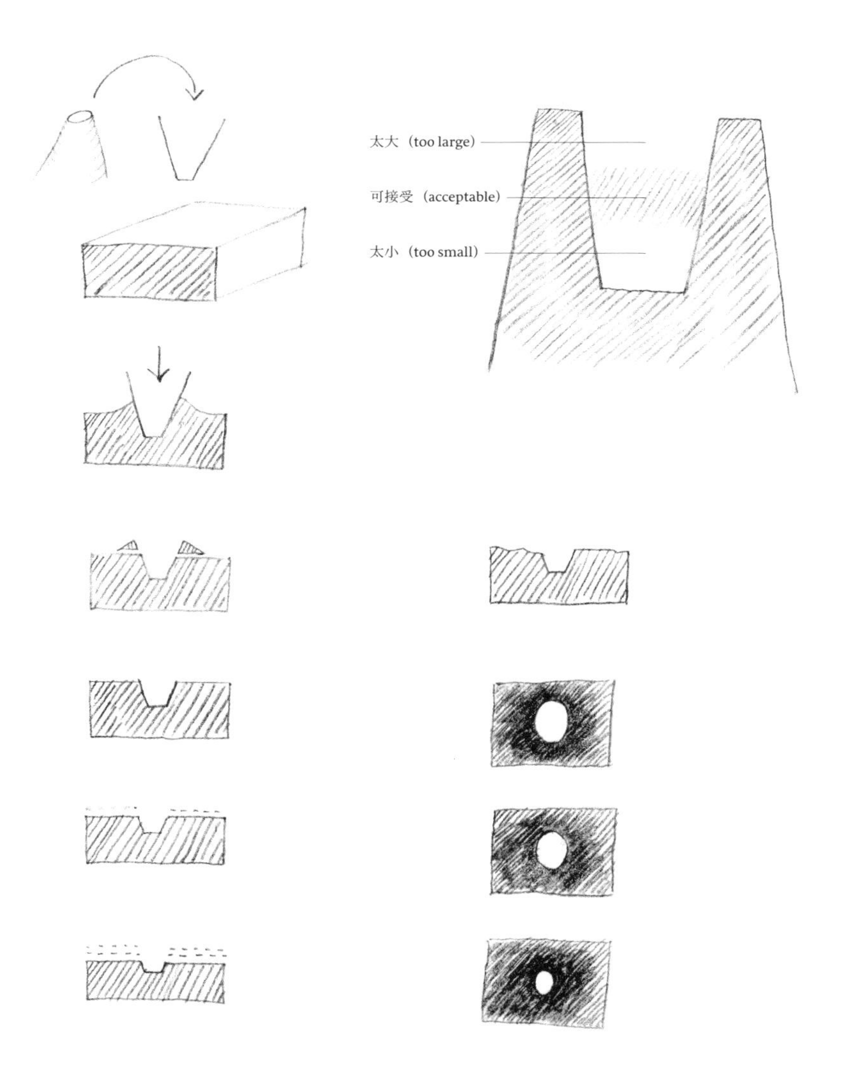

13.5 为了在淬火和敲击字冲前检查并修正其形状，字腔字冲被敲击到一块软金属（锡或铅合金）上。你对由字腔字冲制造的字腔平面切削得越多，字腔就越小。

状由上往下逐渐变小 [13.5]。人们总是敲得太深，所以截面总是过大。仅因为这个原因，由字腔字冲制作的铅字字形可以变小而不能变大。(如果你想放大字形，那么你必须重新敲击。) 烟熏校样由铅字金属坯制作而成。我们可以从铅字坯印完留下的白色区域看出字腔字冲的确切形状。现在我们可以检查它的高度及其他方面了，比如宽度和曲线。正确的形状位于字腔字冲的某个高度位置，而字冲雕刻师并不知道它确切在哪 [13.6]。在铅字金属坯上敲击字腔字冲可以测试它在不同深度位置的形状。当一个烟熏校样被判断为正确时，可以将它与相似的同类型其他字腔的烟熏校样进行比较。但如果你用刀刮掉毛刺，就不能制作烟熏校样了，因为这会破坏它均匀的表面。如果你继续用刀尖划刻字符的造型，刀尖可能会不小心滑入字腔里，或者最终把金属推进字腔中。这

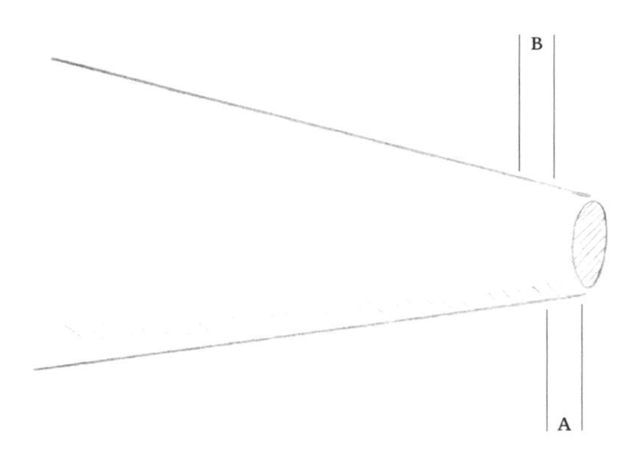

13.6　像大多数其他字冲一样，字腔字冲是略微锥形的。所以它被敲击得越深，字腔就会越大。(字冲表面向下切削，字腔的尺寸逐渐减小。) 字冲雕刻师首先需要一个确定的深度 (A)，然后是可以接受的字腔深度的区间 (B)。如若再深，对正在做的字体来说字腔肯定太大了。

样，你就破坏了字腔字冲形成的形状。富尼耶所描述的方法对24 点以下的字号不适用。

为了比较这些字腔，观察它们是否协调，首先需要雕刻出所有的字腔字冲。例如，每个字号的罗马体小写字母或大写字母的字腔字冲。富尼耶并没有提及这一点，或者即使他有所提及，其表述也很含糊。给人的感觉是这些信息对富尼耶来说不是很重要。他描述道："当大量字腔字冲制成时，会通过加热和快速降温使其硬化，以便它们能够作用在字冲上。"但实际操作中，这个数字非常具体，即一套字符所需要的全部字腔字冲 [13.7]。一个经验丰富的字冲雕刻师会如此做，这样他就可以先看到所有的字腔而不用担心被完整字符的形状分散注意力。对此，他不会有我们可能会产生的那些担心，因为他知道，一套好的字腔字冲会生产出优质的整套字符。对一个字冲雕刻师来说，顺序是不能颠倒的。因此，只有在他得到一套和谐的字腔后，他才开始关注字符的其他部分。如果不遵循这个顺序，而是为了字冲而制作字冲，先是 A，然后是 B、S 或 Z，字冲雕刻师就会浪费很多时间来重新调整字符的字重和字宽。他甚至都可能不知道该看哪里。然后，字冲雕刻师将发现自己处于无休止的修改过程中。

▶ 7 （第 124 页）

将字腔字冲敲击到金属块上后，它就会成为真正的字冲，富尼耶的建议是制作字冲的烟熏校样。他说，良好的判断取决于烟熏校样，因为这样人们就可以看到字母：不是锃亮的镜像，而是正确的白底黑字。这确实是一个好办法。但是当他继续描述一个常见错误的补救措施时，他给了我们一些很值得怀疑的建议。

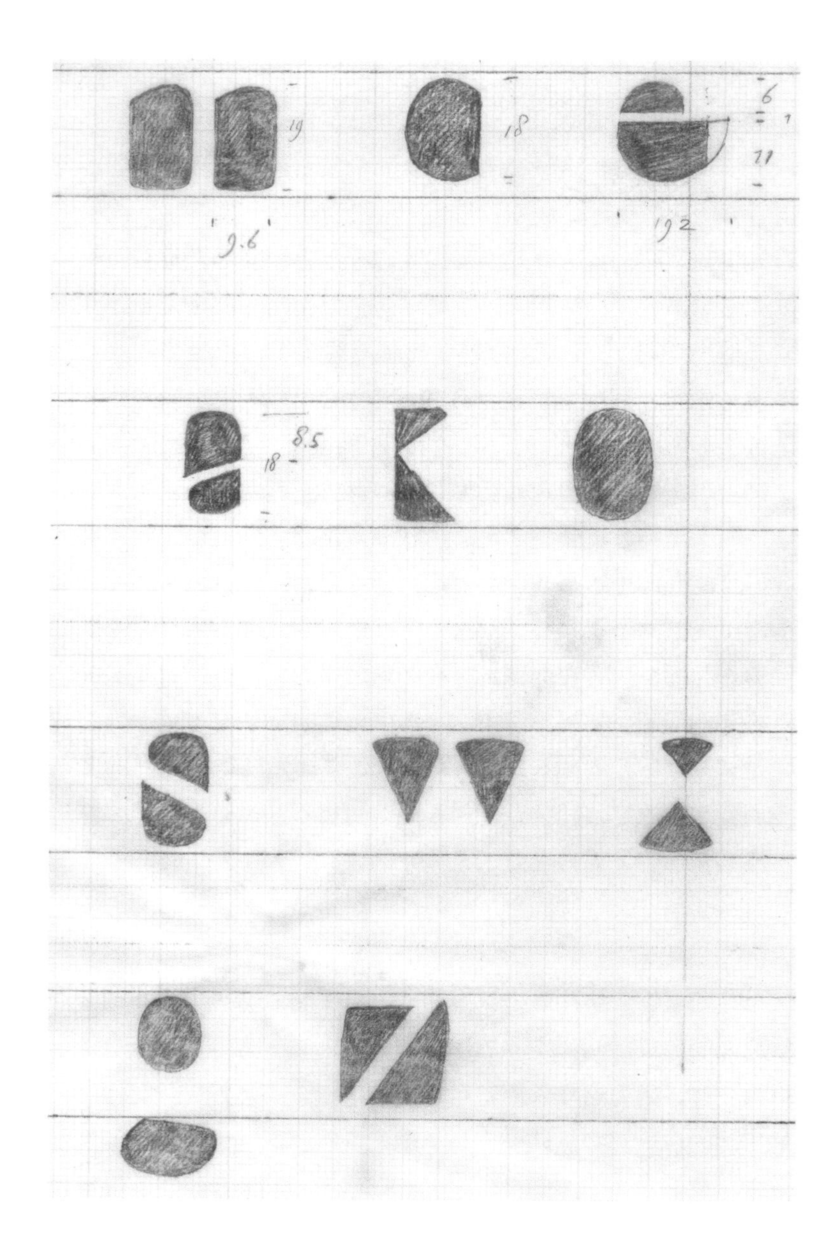
19
18
6
1
11
9.6
19.2
8.5
18

根据富尼耶的说法，如果你的字冲的细部太细了，你必须把你的字冲表面多向下切削掉一些。这样细的部分就会变粗。不幸的是，粗的部分也会变得更粗。切削字冲的表面不能像这样做，不仅整个字会变得更宽大，而且字腔也会变小 [13.8]。

富尼耶接着说，如果发生这种情况，你可以用锉刀扩大字腔。这个建议进一步证明了字冲雕刻师混合了这两种技术（如第 100 页的字冲上所示）。富尼耶当然不是业余爱好者，但不清楚他为什么会给我们提供危险的建议。此类知识很难用语言表达，或许正确的表达对他来说太难了：他总是回避重要的问题。也许他过于手艺人了，所以对知识分享很保守。但无论如何，他的建议对初学者来说是误导性和灾难性的。

如果一个字冲雕刻师有这个问题，那么他的字腔字冲形状将是错的。这是一个在上个阶段，即测试所有字腔字冲时应该解决的问题。这就是为什么要在字冲的不同字腔深度上制作烟熏校样来测试字腔字冲形状的原因。如果你犯了错，并且字腔字冲确实有问题，那么你要修改的是字腔字冲，而不是字冲本身。例如，在范登基尔的 11 点罗马体的字冲中，用于制作 d 的字冲的字腔字冲会再被使用 9 次（b、p、q 及所有带读音符号的版本）。很难相信一个字冲雕刻师会用雕刻刀将相同的字腔雕刻 10 次，把它们弄得整齐划一。如果字冲刻错了，这块金属就报废了，或

← 13.7 这些是罗马体小写字符集的基本字腔。你也可以在这里看到它们与 x 高的不同关系。字腔的比例不是固定不变的，它们各不相同，有时可能针对特定的字体专门设计。当微调这些字腔之间的关系时，字腔字冲很有帮助，它们确实可以为字冲雕刻师争取空间和时间。

13.8　　将一个已完成或接近完成的字冲的表面向下切削后的效果是：所有部分都变粗了。但造成了一个不需要的后果：字腔变小了。

者还能用于制作新的字腔字冲。富尼耶关于凿刻字腔的建议会威胁到你可能已经达到的所有平衡与和谐。实际上它破坏了设计的基础。

▶ 8　　（第 125 页）

富尼耶用一些关于字母风格的文字来结束这一章。他区分了一个能熟练雕刻字体的字冲雕刻师（不需要关于风格的建议）和那些具有技术技巧但没有切割或雕刻字母经验的人。字体初学者应该跟随榜样，尽其所能。然后，他提到了一些时下流行的样式，它们可以从他那个时代的印刷字体和绘制作品中看出。

14 他们到底是怎么做的?

在第 11 章中，我们讨论了字冲雕刻的两种方式或传统：字腔字冲法和凿刻字腔法。富尼耶对自己使用的字腔字冲法非常清楚。但是 16 世纪的大师们呢？我认为他们无一例外地使用了字腔字冲技术，并且常常是以非常聪明高效的方式；但他们会混合地使用技术，即选择最能解决问题的那个。我们如何确定这一点呢？这个问题可以通过观察他们的字冲来回答。

起初，我以为完全用雕刻刀凿刻的字腔不能呈现典型的陡峭侧边、平坦底面和底面与侧面之间锐利的拐角（连接处）。这些字腔字冲方法的特征，使用雕刻刀似乎不可能达到 [14.1]。

字腔字冲总是具有平坦的顶面。这是因为字腔字冲的制作和字冲是一样的。字冲雕刻师几近垂直向下地观察字腔字冲，与它形成 70 度或 80 度的夹角，从下往上推动锉刀或雕刻刀。字腔字冲的顶面必须是平的，这样它的表面就像一个小镜面，也因此会产生清晰的轮廓。这个有光泽的平面是字冲雕刻师了解手中字腔字冲状况的唯一向导，指导他应如何以及在何处进行修改。如果字腔字冲如同人们可能认为更合乎逻辑的那样，顶面不是平的而是凸起的，那么字冲雕刻师将看不到任何清晰的形状，且会以一种碰运气的方式工作 [14.2]。因此，字腔字冲的顶面始终是平的，这就导致了字冲的字腔底面也是平的。

然而，詹姆斯 · 莫斯利向我指出，这些假设不应该被视为理所当然。他安排了一次巴黎之行，在法国国家印刷所与克里斯蒂安 · 帕皮（Christian Paput）进行了一次交谈。帕皮表明，

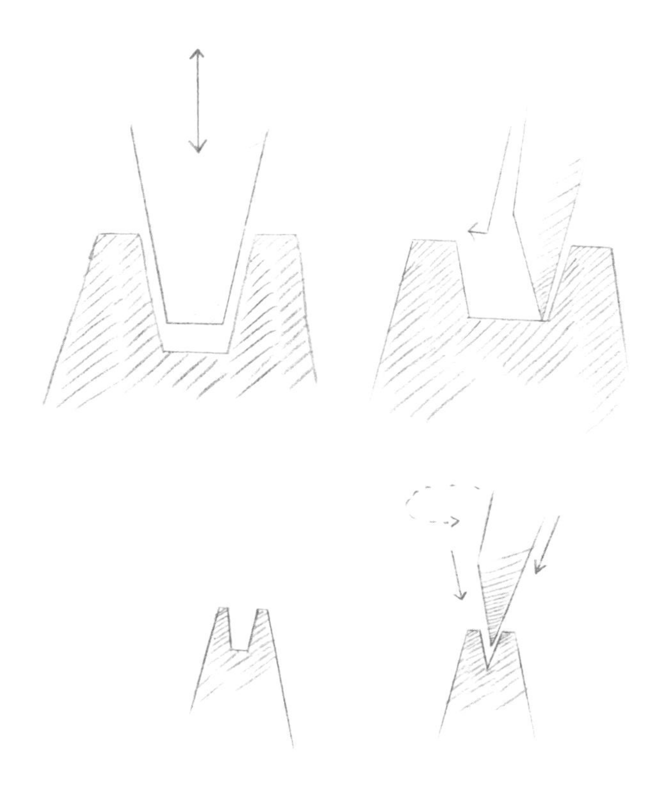

14.1 上图：用字腔字冲法（左图）会在字冲上留下非常深的字腔。采用凿孔法（右图）的字腔深度刚好。
下图：在一个小字号字体的字冲上，凿孔法在物理层面上可能不能制作出深的字腔，更别说具有平底的字腔了。

只使用雕刻刀制作具有陡峭侧面、平坦底面、底部与侧面之间角度相当锐利的字腔是他的习惯。字腔的深度也很大，这是他在他的师傅那里经过训练学到的。

这次交谈打破了我的天真看法，也让我对熟练雕刻师增添了几分尊重，但是我仍然无法相信早期的字冲雕刻师完全使用雕刻刀工作。出于几个原因，这样做毫无意义。我再次回顾了普朗坦 – 莫雷蒂斯博物馆收藏的历史上的字冲，并开始更仔细地研究那些雕刻师使用混合技术制造的复杂字冲。博物馆内早期的字冲提供了足够清楚的相关证据。无论何时使用的凿孔法都可以从雕刻刀的轨迹中清晰地看到。第 100 页上的图片显示了凿刻部分和用字腔字冲法制作的字腔之间平整度上的差异。这类字冲

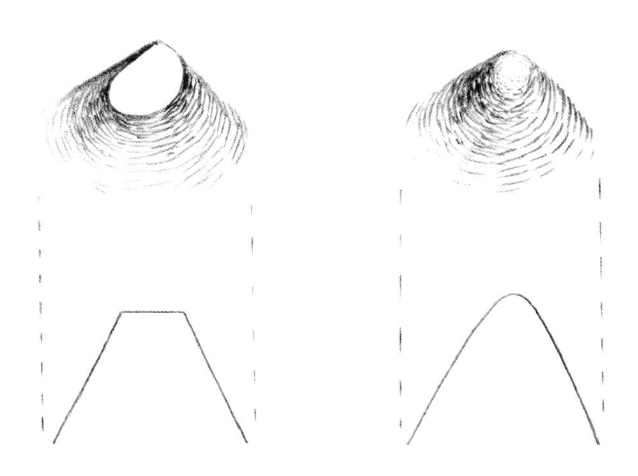

14.2 当字冲雕刻师制作字腔字冲时，要保证它的顶部是平的，像镜子一样反光。只有这样，字腔字冲的形状才能清晰可见。如果字腔字冲的顶部是圆滑的，字冲雕刻师只能看见一个模糊的灰点。

不是特例，在很多雕刻师的作品中都能找到。所以，16 世纪时雕刻师并不习惯把去除的部分雕凿得像现在法国国家印刷所学校所做的那样平整。同样的情况也适用于字冲上的高台 [13.3, 13.4]。这样的平整毫无用处。如果有技术上的原因需要使凿刻部分与字腔字冲部分同样平整，字冲雕刻师肯定会这么做。而如果我们假设这个字冲中的两个部分都采用凿孔法，但只有其中一个部分平整，另一个部分粗糙，那么仍然是毫无意义的。

第二个让我相信字腔字冲在 16 世纪是被广泛使用且有效的方法的原因是：同一套字冲的字腔深度不同。如果使用字腔字冲，就会发生这种情况，因为如第 13 章所述，字腔字冲在其深度的某个位置具有正确的字形，并且字冲雕刻师并不知道它的确切位置 [13.6]。克里斯蒂安 · 帕皮因为技术原因，非常娴熟地控制着他字腔的深度，使它们不会比需要的深太多。凿出形状并使其比需要的深得多当然是能做到的：如果你愿意把时间投在无谓的目标上的话。然而，我可以想象，与 19 世纪的字腔相比，16 世纪的字腔必定更深，因为 19 世纪的印刷设备和工艺可以控制得更好。但历史上的字冲往往呈现出比技术所需深得多的字腔。字冲雕刻师是签了协议后工作的，他们的时间跟我们的一样宝贵。* 额外的工作由字冲雕刻师自行承担成本。所以，如果字腔已经凿刻好了，那么他们当然不再会凿刻得比必要的更深。以第 60 页

* 制作者最大的敌人是时间。当高超的技能和品位集中在一个人身上时尤其如此。创作者和制作者的作品，无论是否具有历史意义，无论是关于油画、音乐、素描、雕塑、乐器还是其他任何东西，都有一些共同之处：在经济允许的范围内保持或提升个人标准。如果做不到，那就最好不做。

所示的字冲来说，左边的 m 可能是凿刻出来的，但右边的肯定不是，这不仅仅是因为我刚刚给出的原因。想象一下雕刻刀的刀尖接触到那个字腔的底部，不会还有让字冲雕刻师看到他在做什么的空间了，他不得不更多地依赖于自己的感觉而非视觉。我根本就不相信这种凿刻发生过，而且也没有任何雕刻师曾提到过它。

认为使用字腔字冲在 16 世纪是惯例的最后一个原因，是考虑到要完成罗马体字符集所必须雕刻的相同字腔的数量。例如，在克劳德 · 加拉蒙的一套字符集中，小写 q 的字腔出现了十次。雕刻字腔字冲并将其敲击到钢块上十次需要一些时间，但是凿出十个相同的字腔需要更长的时间。

法国国家印刷所仍在进行的工作证明了用凿刻法是可以制作字体的字冲的。这也必须从历史角度来理解。在 19 世纪，字冲雕刻师完全失去了他们的独立地位。他们的技术仍然还有很大的需求，但真的只是他们的技术而已。雕刻的风格很大程度上受流行样式等因素的影响，这是任何人都无法控制的。铸字厂也逐渐壮大，并且已经发展成为真正的行业，在其中保持领先于竞争对手是至关重要的。这些系统出于需求而需要字冲雕刻技术：人们可以看到成排的工作台，每个工作台后面都有一个字冲雕刻师。也是在这个时候，人们开始在纸上绘制字体：由执行者来做设计。这个人可能是一个真正的印刷字体字冲雕刻师，例如爱德华 · 普林斯（用过字腔字冲），或是一个擅长雕刻形形色色精微形状的雕刻师。P. H. 雷迪施（P. H. Rädisch）最初是金属镌版工，就属于第二类。当雷迪施开始实施范克林彭的设计时，他不得不自学如何为字体雕刻字冲。在职业生涯的末期，他使用照相蚀刻方法将缩小的设计转移到一块黄铜或铜上，由此制成烟熏校样，然后再把它粘到钢条上。这样，雷迪施运用他过去掌握的缩小图像的经验，在范克林彭的说明下，完成了精湛的雕刻工作。这就如同 20 世纪其他类似的关系一样，设计师提供“品位”，工人提供实施的技能。这种工作和格朗容或奥尔坦这样的人所做的字冲雕刻关系不大。对于早期字冲雕刻师，设计思维和手工技能融合在了同一个过程中。

15 修复字形

当字母位于其他字母之间时，无论一个字冲或一个烟熏校样看起来多么有保障，对字母的外形都几乎没什么影响。使用独立设计进行印刷之前，必须先完成整个工作过程。首先要将字冲敲入或压入软化的铜件中，以便将字冲上的形精确无损地复制到铜块上。这样，我们就有了一个原始字冲，也即一个未对齐的铜模。

对齐原始字冲是这个过程的关键部分，它决定了实际设计的成败。在印刷的早期阶段，对齐操作可能是由字冲雕刻师本人完成的。之后，当字冲雕刻师成为独立供应商，每年雕刻两个或更多设计成品时，对齐工作就由其他人负责了。字冲雕刻大师的时间过于宝贵，不能花在这么费时间的工作上。但是，跟字冲雕刻师一样，铅字对齐师必须理解字体设计的原则：他需要是一位专家，可能受过长时间的工艺训练。

对齐操作必须全方位地进行。字符必须正确放置在假想的基线上，因此要相应地调整字符上下的空间。然后，两侧的空间必须明确界定，以使所有字符组合，甚至字符之间都有间距：如第 4 章所述，创造一个均匀的文字图像。但在做所有这一切之前，必须使该字冲的深度与其他所有原始字冲的相同。否则在印刷的时候，某些铅字的字面会比其他铅字的高，导致一些铅字印不出来，而另一些会承受过大的压力。深度相等也意味着铅字表面上的字形应该完全水平且与铜模顶部平行，否则就会出现只能印刷出部分字母之类的问题。所以，精修铜模不仅仅意味着简单地定义字符两侧的空间。字冲也许承载着最高质量的字形，但如果铜模没有被恰当地修整，那么雕刻字冲的所有工作都将前功尽弃。

接下来，将铜模置于可调节手摇铸字机中就可以铸字了。之后，去掉铅字尾部铸造产生的赘物，将它修整到正确的高度。最终，该铅字就可以用来排版印刷了。印刷过程中，任何地方都可能会出错：某些区域可能油墨过多或者过少，压力过大或者过小。其结果是：页面的灰度不均匀。每个字冲雕刻师都很熟悉这些情况，并且在雕刻字冲时会以某种方式考虑到它们，尽管没有字冲雕刻师可以克服或弥补残次的印刷品。

在叙述印刷字体的文献中，几乎没有关于字体设计过程中这一基本部分的文章。* 我有兴趣对两次对齐的设计进行彻底研究：一次由制作者对齐，另一次由他的同事或竞争对手对齐。

* 据我所知，沃尔特 · 特雷西（Walter Tracy）在《可靠的字母》（*Letters of Credit*）〔伦敦：戈登 · 弗雷泽（Gordon Fraser），1986 年〕中首次以图文形式解释了对齐的要点。

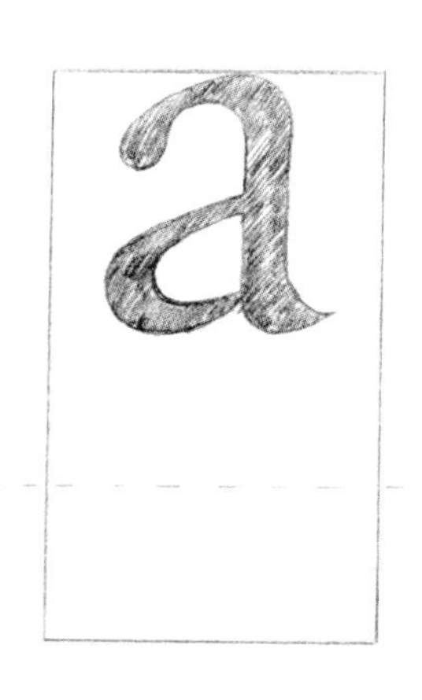

15.1　通常认为，对齐不过是正确地放置字符：出于工业原因，在提供操作空间的字符框内水平和垂直地放置。

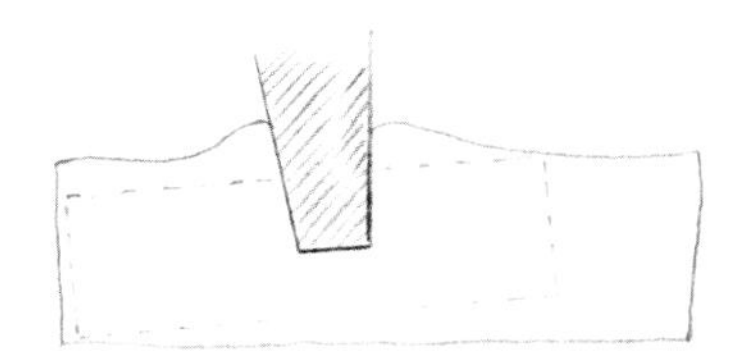
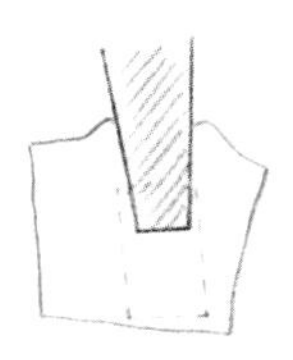

15.2　在 16 世纪，对齐操作必须从零开始。原始字冲（这里以侧视图和端视图显示）可能只是一个有一两个平面的铜块，在这个铜块隆起的某个地方悬浮着一个字符，需要在每个方向上都对齐。

16　设计和生产的流程

任何在书写、绘制和设计字母方面有丰富经验的人都知道应该什么时候在纸上确定形式和整个概念，甚至仅需在脑海中完成。你知道下一步就是生产。生产工作从所谓的控制字符开始。控制字符是由整个设计中的其他字符中频繁出现的部分或元素组成的。在罗马体小写字母中，控制字符通常是 n 和 o；对于大写字母而言，控制字符是 H 和 O。让这些字符在字高、字重和字宽上实现相互平衡后，其他字符可以通过与控制字符的比较、拟合来获得。如果从 s 开始设计，然后设计 t，这是完全行不通的。为了字高、字重和字宽之间良好的视觉协调性——简而言之为了平衡与和谐——必然需要一定的生产流程。忽略了流程就像在空中随意射击，盼望有一天鸭子会掉下来。

我们的这个流程与格朗容及其同时代人的流程没有什么不同。平衡感不会从天而降。为了实现这个目标，你必须对视觉效果有敏锐的眼光，还要有严格的工作流程。如果现在我们从 n 和 o 开始精确设计，那么字冲雕刻师也要首先制作 n 和 o 的字腔。在知道 n 和 o 的最终形状之前，他就要使它们字腔的形状彼此平衡。我们把一个字符看作一个整体，而字冲雕刻师将它分为两个组成部分：内部和外部。这个概念源于字冲雕刻技术，或者说是与之相互作用。同时，这个概念也使得人们对视觉平衡原理有了更好的理解。我想说，正是这个概念，以及以实际字号制作的方式，使我们制作出了在视觉质量上至今依然无懈可击的产品，而且它们仍然是现在很多正文字体的基础。

17　每天一个字冲?

没有什么比时间更被低估和忽视了。16 世纪的字冲雕刻师需要多少时间来雕刻一套铅字? 普遍接受的平均工作效率是每天一个字冲。当然，对于容易制作的点、逗号、括号等字冲，这个效率可能值得怀疑。这些字符的字冲，人们每天可以轻松地完成 3 到 4 个。我在这里给出的数据是基于我个人的经验得出。

有些工作可以交给金匠或者学徒。金匠或者学徒需要做的是制作适当长度、不厚不薄、经过充分退火的小钢块。现在，字冲雕刻师用现成的字腔字冲把所需的字腔形状敲击到钢块中，这大概需要 15 分钟。第二天，字冲雕刻师会用 30 分钟调整它的高度。打磨掉多余的材料也需要 30 分钟。因此，制作一个高度合适的字冲，大约需要 1 小时 15 分钟。

接下来是更细致的工作：使用非常精细的锉刀和雕刻刀对形状进行微调。对于小写字母 l，工作量显然比小写字母 a 少得多。但是每个字冲花费的时间不会超过两个小时。现在，我们的平均时间已经达到了 3 小时 15 分钟。制作 3 个字冲需要 9 小时 45 分钟。当时人们不用遵守 8 小时工作制。因此，在夏天，一个字冲雕刻师每天可以轻松地完成 4 个字冲。一套字体有 120 个字冲，这就意味着需要 30 天。假设我少算了一半，那么制作一套完整的字体则需要两个月时间。

这里还有另一个更难探讨的必然会影响生产时间的因素，那就是钢材的质量。有经验的现代字冲雕刻师不喜欢使用 20 世纪的工业钢。现在已经很难找到适合用于手工雕刻字冲的钢材了。

我说过的，“钢材可以像黄油”。但如果我接受一些过来人告诉我的话，那么钢材甚至比我所知道的更像黄油。

18 字腔字冲在哪里？

虽然字冲不是最终的产品，但是字体史学家对它们非常感兴趣。比字冲更少见，更不受重视的是字腔字冲。我在第 14 章中论述过，16 世纪每一位字冲雕刻师都使用字腔字冲，这是毫无疑问的。尽管如此，几乎没有真正有价值的字腔字冲得以幸存。在普朗坦 – 莫雷蒂斯博物馆，大约藏有 4500 个字冲，却只有 16 个字腔字冲。

我在第 11 章中曾提到，如果字冲雕刻师有了一套视觉平衡的字腔字冲，那么字冲雕刻的工作就完成了一半。它们对字冲雕刻师来说必定非常重要。如果他卖掉了一套字冲，用字腔字冲来制作一套同样质量的新字冲是可能的。因此，字冲雕刻师可以快速复制自己的设计。另外，在雕刻更大和更小的字号时，字腔字冲也是一个很好的参考。假如我已完成比 10 点（long primer）稍小的字体，想制作一个 11 点（small pica）的字体，有可以用于对照的字腔字冲是很方便的。它们之间不会有太大差异。对比相邻字号的字腔字冲，你立刻会明白它们属于同一种字体。有时，可以使用同一套字腔字冲来制作隶属于同一套字体的不同款式的铅字。当然，偶尔你也需要调整一下。

我们经常提到的 16 世纪的伟大人物显然有着惊人的成就。他们不仅仅通过使用字腔字冲制作一套铅字中的一个又一个字符，还可以借助同一套字腔字冲来制作几个不同字号的字符 [18.1]。最重要的是，我认为他们的字腔专用字冲在随着使用逐渐改变——就像铅笔越用越短，甚至可能会从师父传给徒弟。最早的 Garamond 字体很可能就是加拉蒙借助他师父安托万·奥热罗制作的字腔字冲（略微修整，甚至可能没有改变）来完成的。尼古拉斯·基斯雕刻的巨量字体（只能这样来描述）可以解释为在多个字体设计中广泛且重复地使用字腔字冲的结果，也许还需要助手的帮助。还有一个可能的事实，就是他从迪尔克·福斯肯斯那里购买或以其他方式获得了字腔字冲。

购买字冲的人是其他字冲雕刻师或印刷厂。当从刚刚故去的同行的继承人那里购买印刷材料时，字冲雕刻师当然知道一套完整字腔字冲的价值。然而，印刷厂没有意识到它们的重要性，在他们的财产销售中不包括字腔字冲，至少没有这方面的记录。而且，我们的博物馆即使拥有它们，也不会注意它们。但如果我是一个 16 世纪的字冲雕刻师，出于上述所有原因，我肯定不会出售我的字腔字冲。例如，如果普朗坦已经意识到字腔字冲的重要性，那么他就会在采购字冲时一并购买制作这些字冲的字腔字冲：作为一种替换任何破损字冲的快速有效的方法。若字腔字冲落入不雕刻字冲的人手中，它们会受冷落，不被理解。最终，它们将被丢弃或作为破铜烂铁处理。

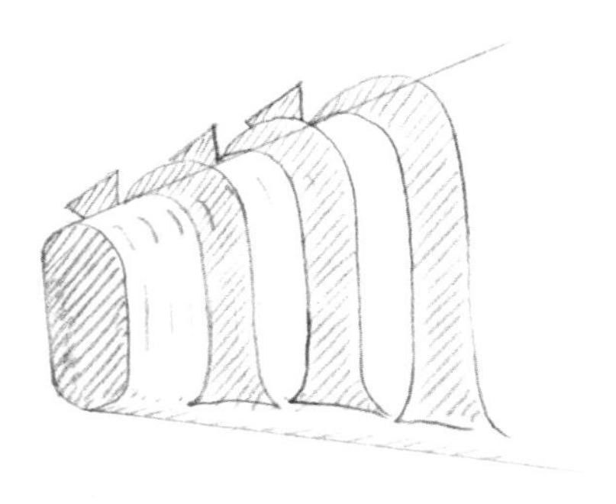

18.1　　一个字腔字冲可以用作制造不同字号字体的字腔。

19　亨德里克 · 范登基尔与轮廓

如果说法国的字冲雕刻师在 16 世纪占据了主导地位，那么亨德里克 · 范登基尔就是为数不多的能够与之相提并论的北欧字冲雕刻师之一。他在产出、技术和风格上与他们等量齐观。

范登基尔是一个真正的字腔字冲专家，甚至比他的同行们更专业。他的字冲告诉我们他尽可能地使用了字腔字冲：他制作的字腔的两侧往往比他同时代人的陡峭。当然，罗马体正文字体是他的主要作品，但他也雕刻哥特体和音乐用铅字。他的毕生之作包含了一些非同寻常的作品，如大字号标题字体。“大”是指超出字冲雕刻师能力所及的字号。这些字母的字号自然地对其生产技术有所影响。这些字母的字冲是木制的，这些字冲被冲压入沙制的铜模中，以此铸造出金属字体。所以，范登基尔不是用金属雕刻，而是必须按轮廓雕刻木材。然后，他凿出雕刻线条所描绘的形状。他是如何制作轮廓的呢？通过绘制。这让我们离他更近了。

与范登基尔惯用的工作方式——字冲雕刻相比，从绘制开始设计字母有严重的缺点。字符必须一次性绘制，而不能像在用金属雕刻正文字号字冲时那样先雕刻字腔。另一个缺点是：这里的绘制意味着制作完整的轮廓线。但完整的轮廓线不代表形状，它仅仅描述某种形状的边界或边缘。这就类似于你在一块玻璃薄片上刻出一个字母。你看不见这个字母，因为它是玻璃的。你的视线会穿透玻璃，你唯一能看到的只有玻璃的边缘。绘制的第三个缺点对于没有真正以实际字号工作过的人来说一定听起来很奇怪——工作规模相对较大。

这些是字冲雕刻没有的弊端，它们可能是范登基尔制作这些标题字体时犯了初学者的典型错误的原因 [19.1]。他当然不是缺乏经验。6 年前，他制作了 44 点活字（two-line Double Pica）：一个 x 高约为 7 毫米的罗马体，当然完全用金属雕刻 [19.2]。7 毫米是我们在这里讨论的字号的 x 高的一半。24 点罗马体是一个有清晰统一性的优秀设计。所以范登基尔自己的作品应该提供了一些参考，虽然大字号罗马体依然很少见，但他可能知道让 · 德图尔内斯（Jean de Tournes）在里昂印刷的一些书籍中使用了。大约在 1550 年，这位印刷者使用了一个 x 高类似的非常优雅的大字号罗马体，从风格上说，这个字体可以归功于格朗容。* 如果这个字体真的是格朗容的作品，那么范登基尔就很有可能知道它。不过，“加大罗马体”（plus grande romaine）向我们展示了一个初学者在春风得意时会犯的错误。许多笔画太细或太粗，有些字腔过大或过小。尽管如此，整个设计展现了一个具有强烈特征的字体。这不是偶然。像任何经验丰富的字冲雕刻师一样，范登基尔对罗马体应该是什么样子有着强烈的想法。在“加大罗马体”中，这种根植于字冲雕刻经验的强烈意识，与他缺乏用轮廓进行设计的经验并存。

活版排印史学家常常对这种设计感到困惑，并对其意外的笨拙感到疑惑。人们提出了各种猜测，例如，范登基尔并没有

* 这一点在扬 · 奇霍尔德的《字母与绘制文字宝库》（*Treasury of Alphabets and Lettering*，纽约：莱因霍尔德，1966 年，第 126 页）中得以再现。奇霍尔德对字冲雕刻师的建议来自纪尧姆一世 · 勒贝。

亲自雕刻这个字体。但是，如果是其他人雕刻的，他就更容易拒绝使用它了。所以，这很可能是他自己雕刻的，但也许受困于字号太大、不熟悉的木材雕刻技术，他试图尽可能压缩某些字母（h、n、m、u）的字腔到适合比例，以便与 Textura 哥特体更加契合。不确定性层层堆积。最后，他可能只是耸耸肩，然后作罢。相比之下，他的大字号哥特体则有很多实例：绘制的招牌上、墓碑上、花窗玻璃上。

所以，范登基尔犯了个错误。当他开始着手在木头上绘制字母的新技术时，他过分依赖于字冲技术中制作形状的知识了。他太自信，以至于没停下来好好思考。或者他太懒了，没有先把木材的表面涂黑，再把字母雕刻出来，看清楚去掉的形状是怎样的。

这个例子让我们进一步思考关于字体字冲雕刻中的绘制问题。没有任何 16 世纪的字体雕刻的图纸或草图留存下来。如果制作了精确的图纸，那么它们就是有价值的东西——哪怕只是因为制作它们的时候花费了时间，就有机会保存下来。但我非常怀疑它们是否曾经出现过。根据我个人的经验，没有必要先绘制字母再雕刻。我能想到的唯一一种会被采用的方式，是绘制快速

19.1 （在后两页）亨德里克 · 范登基尔在制作这个字体时是一位经验丰富的字冲雕刻师，但他的设计出现了初学者常犯的错误。在我们看来，它的笔画粗细对比是极端的，尽管这是当时的趋势。字干宽度的变化表明这是初次尝试。另外需要注意的是小写字母 v（太宽），字母 o 的字腔的角度也有明显不同（无论有无读音符号）。（最早出现于 1576 年的范登基尔的 7 行罗马体，本书以相同字号再现。）

abcde

fghijlm

nopqrſs

tuvyz

x&œ

ā ē ñ ō p̄ ū

ff ffi ffl fi

ſi ſſ ſſi ſt

ꝑ ; p̄ ı q́ ꝰ ꝗ

(â : ô - û ?

19.2　范登基尔的 44 点罗马体的两个字冲。

而又松散的草图：不是工作图纸。如果确实有了这样的草图，他们是在推敲这些字母的情绪或感觉。如果当时的字冲雕刻师习惯于制作整洁的工作图纸，那么范登基尔的这个字体就不会这么笨拙。那时的人们对绘制大字号字母当然并不陌生：看看丢勒（Dürer）和托里（Tory）精确测量的字母，或者手写大师们书中的字母。但在当时，没有任何一个字冲雕刻师试图对自己的作品进行正式的说明，哪怕是以绘制大字号字母的方式。

20 线性

线性字体的想法很有意思。随着几个世纪以来字体生产技术发生的变化，这个想法被提出过，失败了，又再次被提出。“线性”指的是将单个“基准”字体简单地放大和缩小。

我们倾向于认为，在 16 世纪，不同字号的字体构成了不同的设计。根据格朗容雕刻的意大利体，这无疑是事实。他喜欢尝试，并且似乎对每个新字号的雕刻处理都有所不同。但实际上，线性字体概念的出现比我们想象的要早得多。它虽不像活版排印本身那么古老，但相差不会超过一百年。

我们只需要看看皮埃尔 · 奥尔坦的粗壮而又爽朗的罗马体就会发现，它们具有明显的家族相似性。在第 18 章中，我推测字腔字冲被用于同一设计的多个字号，这一技术事实可能在产生共同特征方面起了一定作用。但我不禁会想，奥尔坦在雕刻他的罗马体时，脑海里是一个单一且重复出现的模式。这些字体在每个字号上都有反复出现的独特细节，并且它们的反复是有意而为的。这强烈地表明了奥尔坦以线性思维思考字体设计。当然，他的字体并不是完全线性的，它们肯定不会呈现出真正的线性字体的视觉缺陷。在奥尔坦所处的时代，人眼决定设计这种缺陷不可能产生。不过在当时，奥尔坦的字体是人们能得到的最具线性的字体。如果你仔细观察他的作品，很明显奥尔坦永远不会考虑“去年春天我做了 9 号字，今年夏天我还需要 12 号的——那么，它应该是什么样的呢？”之类的问题。

下图［20.1—20.4］展示了皮埃尔 · 奥尔坦使用的四个罗

马体（原尺寸复制）。我们不知道它们分别是什么时候被雕刻的，但很可能是在 1550 年到 1560 年这 10 年左右的跨度内。奥尔坦努力追求无懈可击的效率和逻辑。他的字体中有大量的独特之处反复出现。例如，他的大写字母 R 的尾巴总是相当拘束，可能是为了更好地契合其他字母。他的意大利体大写字母是奇怪而有缺陷的，但只是在理性和一致性上存在缺陷。他典型的小写字母 a 有些许歪斜。在他敞亮的小写字母 g 中，封闭的上部字腔空间和开放的下部字腔空间都相当充足。图 20.5 至图 20.8 放大了这两个特点。

20.1 （第 161 页）Nonpareille Romaine 字体（约 6 点）“可能是第一个字身如此小的字体，从 1557 年起经常被普朗坦使用。”（《列王纪……》，安特卫普：普朗坦，1557 年）

20.2 （第 162 页）Coronelle Romaine 字体（约 7 点）“普朗坦 1566 年至 1573 年间使用的一个精美的小字母，之后逐渐被范登基尔的 Coronel 字体取代。”〔P. A. 托帕里乌斯（P. A. Toparius），《福音书和书信中的辩论》（*Conciones ...*），安特卫普：普朗坦，1567 年〕

20.3 （第 163 页）Philosophie Romaine 字体（约 10 点）“一个帅气的字体，从 1561 年起经常被普朗坦使用，直到他于 1579 年购得范登基尔的 Philosophie 字体。”〔G. 龙泽莱蒂乌斯（G. Rondeletius），《药品称量之书》（*De Ponderibus ...*），安特卫普：普朗坦，1561 年〕

20.4 （第 164 页）Augustine Romaine 字体（约 14 点）“一个比例有趣的帅气字体，1561 年起偶尔被普朗坦使用。”〔雷瓦尔祖斯（Raevardus），《特里波尼安》（*Tribonianus*），安特卫普：普朗坦，1561 年〕

引语来自《普朗坦 – 莫雷蒂斯博物馆目录》（*Inventory of the Plantin-Moretus Museum*）。

AP.XIX. PARALIP. I. 145

mon vt conſolarentur Hanon, dixerũt principes filiorum Ammon ad Hanon, Tu forſitan putas, quòd Dauid honoris cauſa in patrem tuum miſerit qui conſolarentur te: nec animaduertis, quòd vt explorent, & inueſtigent, & ſcrutentur terram tuã venerint ad te ſerui eius. Igitur Hanon pueros Dauid decaluauit & raſit & præcîdit tunicas eorum à natibus vſque ad pedes, & dimiſit eos. Qui cùm abiiſſent, & hoc mãdaſſent Dauid, miſit in occurſum eorum (grandem enim contumeliam ſuſtinuerant) & præcepit vt manerẽt in Iericho, donec creſceret barba eorum, & tunc reuerterentur. Videntes autem filiĩ Ammon, quòd iniuriam feciſſent Dauid tam Hanon quàm reliquus populus, miſerũt mille talenta argenti, vt conducerent ſibi de Meſopotamia, & de Syria Maacha, & de Soba currus & equites. Conduxeruntque triginta duo millia curruum, & regem Maacha cũ populo eius. Qui cùm veniſſent, caſtrametatĩ ſunt è regione Medaba. Filii quoque Ammon congregati de vrbibus ſuis, venerunt ad bellum. Quod cùm audiſſet Dauid, miſit Ioab & omnem exercitum virorum fortium:
egreſsiquefilii Ammon, direxerunt aciem iuxta portam ciuitatis: reges autem qui ad auxilium eius venerant, ſeparatim in agro ſteterunt. Igitur Ioab intelligens bellum ex aduerſo, & poſt tergum contra ſe fieri, elegit viros fortiſsimos de vniuerſo Iſrael, & perrexit contra Syrum. Reliquam autem partem populi dedit ſub manu Abiſai fratris ſui: & perrexerunt contra filios Ammon. Dixitq́;, Si vicerit me Syrus, auxilio eris mihi: Si autem ſuperauerint te filii Ammon, ero tibi in præſidium. Confortare, & agamus viriliter pro populo noſtro, & pro vrbibus Dei noſtri: Dominus autem quod in conſpectu ſuo bonum eſt, faciet. Perrexit ergo Ioab, & populus qui cum eo erat, contra Syrum ad prælium

6

Sapi-

quuti. Nam, quã me olim RONDELETIVS docuit, ſcriptóq; tradidit morborum dignoſcendorum & curandorũ regulam, religioſiſsimè obſeruás, iam ferè ſeptennium Medicinam exerceo. Vnde præter haud vulgarem famam fauſtis & ſæpe inopinatis ſucceſsibus partam, amicorum in multis regionibus iuſtum numerũ (vt interim de lucro, quod Medicum nõ decet, nihil dicam) mihi comparaui. Noſtri ergo æmulatione accenſi, ò iuuenes, RONDELETII certiſsimam facillimámq; methodum ampleƈtimini: ab ea ne latum quidem vnguẽ (quod aiunt) diſcedite: RONDELETII non libros, ſed theſauros auidius expetite, conceſſos memoriæ ſcriniolis ſecretioribus includite, vt cùm erit opus, recluſos in humani generis ſalutem fœliciter diſpenſetis. Hunc, quem in lucẽ prodire ſinit, alij multi (vt ſperamus) breui comitabuntur, quorum nobis iamdudum copiam fecit, & per quos plurimum ἐν ἰατρικῇ profeciſſe fatemur. Non equidem inuideo, nec de præceptore conqueror: vt ferunt Alexandrum regem ægrè tuliſſe: quòd diſciplinas ἀκροαματικὰς libris foras editis inuulgaſſet Ariſtoteles, quibus ab eo ipſe eruditus foret. Quin RONDELETIVM hortor, vt quod ſe, id eſt magnificum in re Medica imperatorẽ decet, omnibus Medicinæ ſtudioſis vel amplius quàm nobis, ſi fieri poſsit, bene faciat, & futuro quoque æuo proſpiciat, neque id tam immortalitatis ſtudio (etſi digniſsimo virtutis aculeo) quàm liberalitatis & candoris nomine, quibus hic totus effulget. Nam ſibi ſatis gloriæ iam quæſiuit, poſſetque deſinere, ni anim⁹ inquies paſceretur ijs operibus quæ humano generi profutura videt, quæque ſuis laudem maximam adferre poſſe nouit. Hunc ergo numinis inſtar colite, φιλίατροι, qui Medicinam facturi ducem quæritis: huius theoremata præceptionéſque, velut ab oratur, cap.xxvij.de pact. & hæc quidem sic olim erant in vsu ãte Scriboniam legem.

LATA deinde lege Scribonia ciuilis 5 hæc seruitutum vsucapio penitus exoleuit: & quæ antea ciuili iure duorum annorum spatio acquirebantur seruitutes, statim post Scriboniam legem ex edicto prætoris acquiri longo tempore cœperunt. Scribit enim Aggenus Vrbicus in Frontinum, biennio iter quod in vsu erat vsucapi potuisse. Iter, inquit, nõ qua „ ad culturas peruenitur, capitur vsu, sed id „ quod in vsu biennio fuit. Quinque enim „ aut sex pedum latitudinem in agrorum finibus constituit lex Mamilia: eámque iter ad culturas accedens sic occupabat, vt vsucapi non posset. Iter igitur quà ad culturas peruenitur, hoc est commune illud iter quod ex lege Mamilia aliquam itineris publici naturam induerat, vsu reliquarum rerum publicarum exẽplo non acquirebatur: sed quod in vsu biennio fuit, hoc est, sed illud iter rectè capiebatur vsu, quo quis priuato quodã & proprio seruitutis iure vsus erat biennio. Vt ita quidem seruitutes ante Scriboniam legem biennio vsu captas fuisse non sit du-

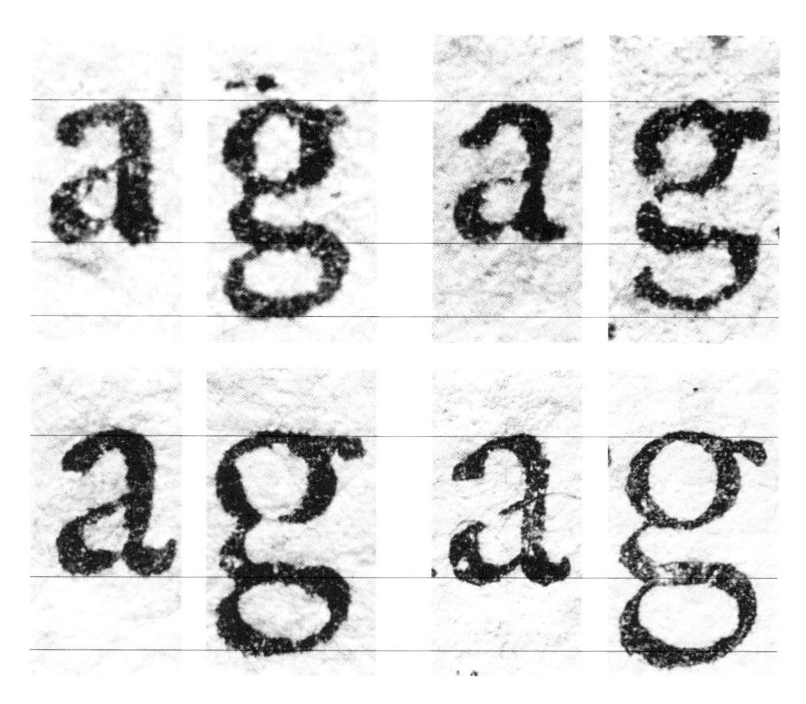

20.5　Nonpareille Romaine 字体，放大 20 倍。

20.6　Coronelle Romaine 字体，放大 17 倍。

20.7　Philosophie Romaine 字体，放大 12 倍。

20.8　Augustine Romaine 字体，放大 19 倍。

将图 20.1 至图 20.4 中所示字体的字母放大到相同的 x 高，它们之间表现出极大的相似性，印证了奥尔坦对罗马体的样式有着坚定的想法。这里提出了另一个有趣的观点：我们倾向于假设字身小的字体需要比字身大的字体更宽。奥尔坦并不遵循这条规则，而是将小字符都调整得相当宽，这为人眼提供了阅读小字号正文所需的扫视时间。

字冲雕刻与字体职能

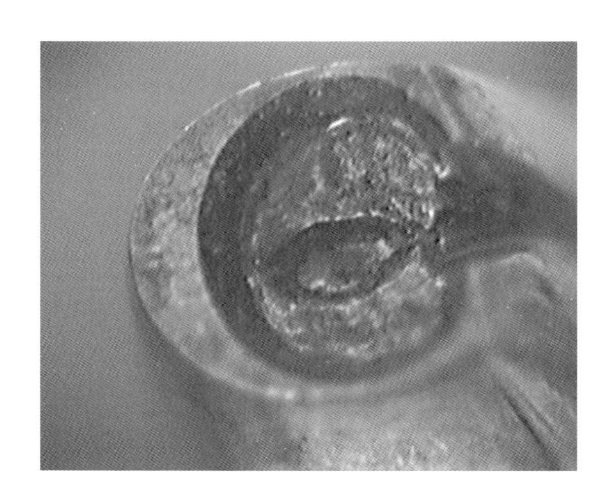

这个大写字母 C 的字冲是由格朗容完成的，它清楚地展现了富尼耶论述大字号铅字的字冲雕刻时的建议（《活版排印手册》，第 4 章）。“在字冲上留下轻微印痕后，用麻花钻钻孔，接着用小型已淬火冷却的凿子和锤子去掉字母内的角或不需要的金属，把字腔字冲放在孔中，用锤子敲击字冲，直到留下印记为止。”我们在字腔底部中间看到的小孔是以富尼耶所述的方式制作时，第一次钻孔留下的。

21　技术影响形状吗?

每种工作方式都会留下其特有的痕迹和形状，它们各有优缺点。材料本身会让字冲雕刻师有所为，有所不为。我们已经知道字冲雕刻师可以非常精确地工作：直达人类视觉感知的极限。抛开实践，从理论上来说，字冲雕刻师不会遇到任何技术上和材料上的障碍。而在实践中，经由某些习惯或工作方式，会产生一些典型的、反复出现的形状。确认这些后，我们仍然能说，字冲雕刻师可以完成任何他们想做的。要证明这一点，参考最早的 Civilité 体字冲这个惊人的例子就够了。

仔细观察 Civilité 体的字冲及其印刷出来的字符，我发现它们的制作者比今天的我们更了解字形。我们倾向于坚持我们相当正式的罗马体和意大利体：它们的造型比大多数 Civilité 体字母简单。一位 16 世纪中叶的字冲雕刻专家不得不处理各式各样的手写体：不仅仅是罗马体和它的搭档意大利体，还有像 Textura 体和 Civilité 体这样的断笔手写体；常见的还有希腊文和希伯来文，音乐字体也会出现。至 16 世纪末，人们对阿拉伯字体的需求不断增长。所有这些手写体和符号都呈现出不同的问题。例如，Civilité 体与罗马体大相径庭 [3.7]。这种差异不仅仅体现在 Civilité 体精致、复杂和卷曲形状。字母的倾向也是倒伏的，而非像罗马体一样直立。此外，Civilité 体在获得良好、平衡的文字图像的同时，还需要更多的节奏自由度。因此，它带来了不同的设计问题。

“字冲雕刻中没有障碍”这一观点可以被如下陈述证实。

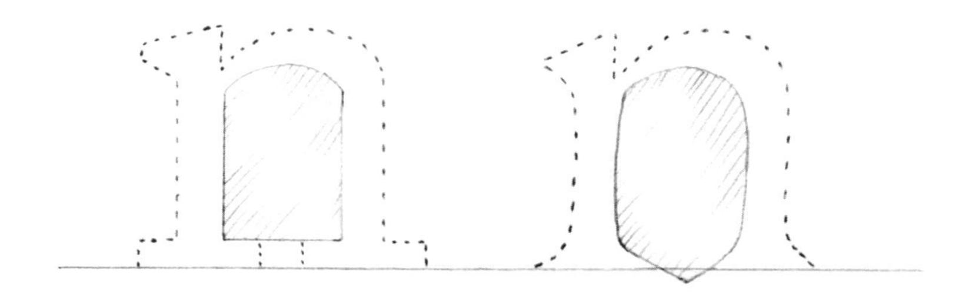

21.1　第一个 n 的美学品质是简单的理性，一切都很整洁和笔直。这是理想情况。第二个 n 当然也是个 n，但并不显示出任何简单的理性。

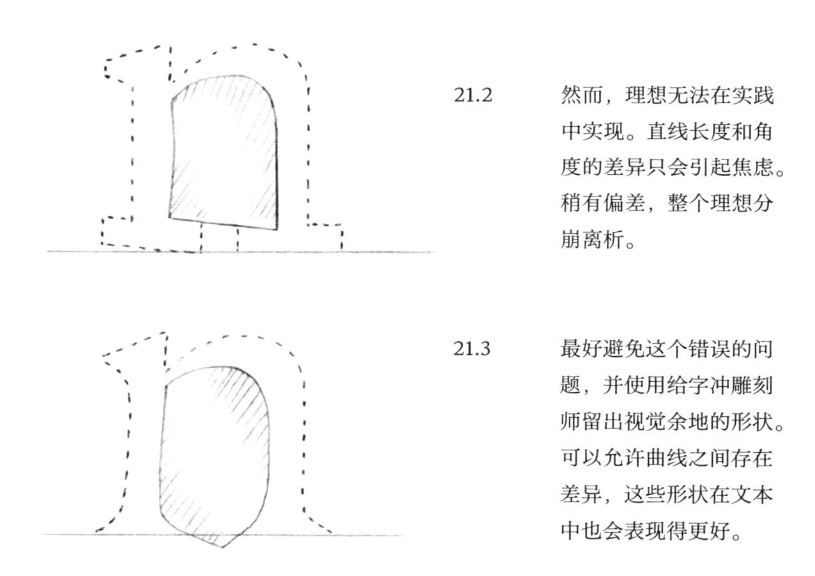

21.2　然而，理想无法在实践中实现。直线长度和角度的差异只会引起焦虑。稍有偏差，整个理想分崩离析。

21.3　最好避免这个错误的问题，并使用给字冲雕刻师留出视觉余地的形状。可以允许曲线之间存在差异，这些形状在文本中也会表现得更好。

取两个小写字母 n，如图 21.1。字冲雕刻过程的进行方式——也许是它的“纹路”——意味着第二个 n 比第一个 n 更容易制作，形式上更直接，这源于切削工具的特性。任何工具都有其明显的使用流程。例如，笔刷的特性决定了你应该拉动，而不是推动它。这些工具不仅促使字冲雕刻师制作第二个 n，而且让这个形状在接下来的字体设计和字冲雕刻过程中更容易处理。它没有直线，没有尖角。这些硬朗元素的缺失也使得第二个 n 的形状比第一个更容易被人眼接受。这种更微妙的形状具有显著的视觉余地或宽容度。生硬的直线让我们好奇它们是否真的笔直 [21.2]。如果它们确实不那么笔直，看起来就很尴尬。所以，字冲雕刻师通过建立一种视觉不确定性来避免这种过于琐碎的问题和情况：没有直线，没有尖角 [21.3]。这些形状变得易于处理，易于混合，且相互平衡。

我们别忘了，字冲雕刻师是基于字体的实际字号或者最终字号来工作的，而且他一开始只制作最重要字符的字腔字冲。这意味着，假若他制作 10 点字体的字腔，那么字腔的宽度约为 0.5 毫米或 1 毫米；或者意味着小写 e 字眼的宽度约为 0.2 毫米至 0.3 毫米，比牙刷刷毛的厚度还小。这与我们今天的工作方式大相径庭。如今，在屏幕上，我们可以看到手掌大的字形。有人可能认为字冲雕刻师的放大镜消除了这种差异，但是字冲雕刻工作本身仍然是在最终的真实字号上完成的。我们在屏幕上放大图像，不仅可以看得更清楚，还可以提高对可能的变化的控制精度。在真实字号下，这种测量精度是不可能实现的。我猜测，字冲雕刻师会使自己陷入一个他们自己都不知道在改造什么的境地。他们只需要判断其结果是否令他们喜欢。随着经验的积累，他们开始越来越依赖直觉。我不禁觉得，这一定是一种令人兴奋的工作方式。

另一点需要记住的是参照系。字冲雕刻师是没有参考点的：没有基线，也没有垂直轴。什么时候才是真的笔直或者真的垂直呢？字冲雕刻师永远不会知道。但这可能不会被视作一个真正的问题：字冲雕刻师知道追求数学上的完美是一种无望的探索。他还知道，如果他试图清除不完美，将会导致无休止的修改和不安。不，字冲雕刻师不傻，他们知道这些迷人的缺点是必要的，这些不完美给了他们发挥的空间：为经验丰富的眼睛可以快速、轻松和舒适地工作而留有余地。

人们喜欢某种舒适感。这种向往安逸的愿望在生产中始终非常重要。字冲雕刻师的字体设计中包含许多手工操作：不仅雕刻字冲，还校正铜模；尽管字体铸造是由其他人以最快的速度完成的。看看他们的产量，很明显这些早期字冲雕刻师既是设计师，也是铸造者。因此，制作和生产的容易程度对他们来说很重要。这一时期的字冲雕刻师似乎能够将效率和美学非常完美地结合。对这些人来说，字冲和被校正的铜模是他们赖以谋生的产品。他们甚至比一些印刷厂更加坚定地认为，字体本质上是一种商业且高效的书籍生产手段。商业与美学同等重要。当然，生产高美学价值或视觉质量的字体对他们来说依然很重要。

人们疑惑于在一组字冲中找到 3 个小写字母 a、2 个 m 和 3 个 e。这不是因为比如 a 的字冲会比 i 的破损得更快或更容易。不，这个问题的答案只是字冲雕刻师喜欢雕刻字冲。他们一定很喜欢制作 m 或 g，以至于做了好几个，然后根本无法决定哪一个是最好的。对材料的全面掌控和高超的技术为他们提供了

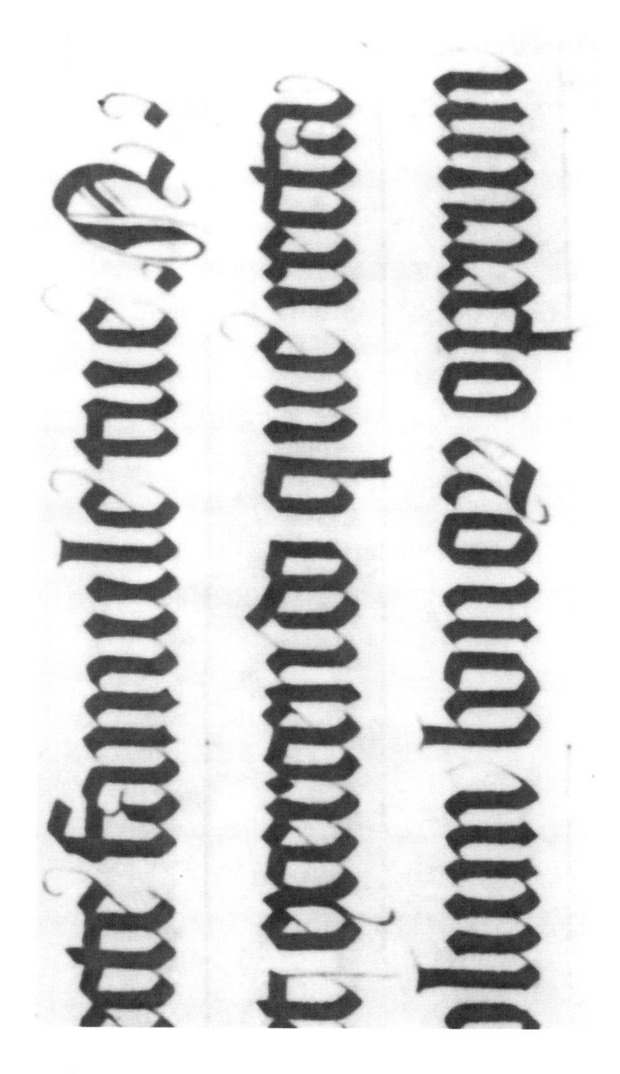

21.4 这份来自法国北部（约 1300 年）的手稿（放大 150 %）展示了一个经验丰富的抄写员能享受的自由。他不断地调整字形，以使其更好地相互配合。

真正的自由。正是因此，真正的大师无须依靠规则生存，而是吸收并超越它们。这是独立于技术的。在这方面，16 世纪的字冲雕刻师和数字时代在电脑屏幕上绘制字母的人没有区别。只不过，字冲雕刻师没办法做备份。

现在，人们可以提出一些字冲雕刻师在工作中留下的关于细微的视错觉调整的问题。对我们这个时代的设计理性而言，这种视错觉上的摆弄似乎有些令人怀疑。你可能会说字冲雕刻师避开了数学上的真理，由此回避了他可能拿不准的问题。但我认为他们这样做是对的，别无选择。他们的整个世界都会教育他们如此思考：当然也包括由字母组成的那部分世界。抄写员不断地、不由自主地做着同样的事。他们控制手稿中的每一个字母，以使其完美地与周围环境相融合 [21.4]。这是一种在创作的瞬间就会发生的奇怪现象。但如果你仔细观察就会看到，书写的字母总是歪的。视错觉平衡就是不断创造与纠正，例如使一个字母的衬线比另一个长，或者在需要时把字母上的衬线去掉。

字冲雕刻师使用烟熏校样来完成所有这些事，但速度要慢得多。像抄写员一样，他看着字母的真实字号，根据字母的自身平衡及其与其他字母间的相互平衡来做判断。当然，字冲雕刻师要比抄写员更仔细地考虑事情：他正在制作一套能以大量排列的方式相互组合在一起的符号。但他看不到最终文本的效果，只能依靠经验储备。当今的设计师有一个很大的优势：我们可以在文本中测试字母，而字冲雕刻师不能。无论经验丰富与否，字冲雕刻师都不能，也不会停下来思考太久。

通过数字技术，我们可以非常准确地定义最细微的变化。字冲雕刻师并不在意这件事。他只研究肉眼可见的东西：如果他看不见，那么它就不存在。我想这是一个已经永远失去了的优势。我们甚至不敢依靠我们自己的神经系统。我们必须被数字（坐标），而不是视觉判断说服。即使是经验丰富的字体设计师也会在检查一个古老设计的合理性时感到困惑。设计看起来不错，但是数字看起来糟糕，结果导致太多字体被废弃。我们认为如果我们使数字正确，那么结果必然是好的。即使一些设计师喜欢以这种方式工作，但是人们肯定不会以这种方式阅读。我将在下一章尝试解释原因。

今天的技术必然会在字体的设计甚至使用上留下痕迹。设计师们可能无端地创造事物，仅仅因为技术允许。而在西方思维中，这样做似乎合乎逻辑。但技术是为了我们而存在，并非相反。例如，在严肃读物中使用 4 点字体的设计师并不知道自己在做什么。技术可以轻松复制 4 点字体，但这不是借口。同样地，当你以大字号观看时，理性和技术性的字体可能自然地看起来很适合当下。只要你把它们用于大字号，它们确实是好设计。但是别用这样的字体来排一本书：几页之后你就会失望。

22 无意识的眼睛

技术发展使人们能够非常精确地绘制字母。精确的事实让我们感觉我们也做了正确的设计。这种感觉令人愉悦。这种数字上的精确度超出了人类感知的范围。它就像高保真音响设备一样，即便是专家也听不出音质的差异，需要使用仪器来测量。然后，他们可以说设备 X 比设备 Y 好个百分之多少。字体亦如此。文字设计师通常不着眼于眼前的东西，而用潜藏于头脑深处的技术知识来判断，这不是一个好方法。

大多数字体——当然包括任何一种 Garamond 字体——若要实现令人满意的效果，就应该具有视觉上的不规则性与多样性。这不是字冲雕刻师或字冲雕刻技术的缺陷。相反，这是一种已经失去了的优良品质。我们终究很难知道早期的字冲雕刻师是否真正明白这一点。对我们来说，有趣且相关的问题是，在现有的设计和生产条件下我们是否可以重拾“不完美性”。字冲雕刻师也有高精度工具——钢件和雕刻刀。但仅在需要的时候，字冲雕刻师才会依赖工具的精确度。精确度的极限由人为因素决定：受人类感知力的限制。通过这种工作方式，早期大师创作的字体往往具有现在几乎很难找到的品质。这种品质不能仅仅用不完美的印刷技术来解释。相反，它与在我们的感知边界上获得平衡的不完美性与不规则性有关。

我们可以区分出产生文本多样性的三个因素。第一，白纸黑字之间边界的不规则性。第二，相同的字符在不同情况下，形状存在真实差异的事实。第三，纸张表面不平整。你可以通过比较 300 dpi 激光打印页面与照排机输出到相纸上的相同文本清楚看到，前者中存在所有这些因素，后者中则都不存在。

阅读是一个扫描大量单调而显然有意义的信息的过程。我们的眼睛和大脑必须接受训练才能完成这项任务，这不是与生俱来的能力。一个由过于理性的头脑设计的纤细锋利的字体组成的页面，往往看起来像同一块鹅卵石重复数百万次后构成的卵石滩；或者像一棵只有一种形状的叶子的树；或者像一根根高度、

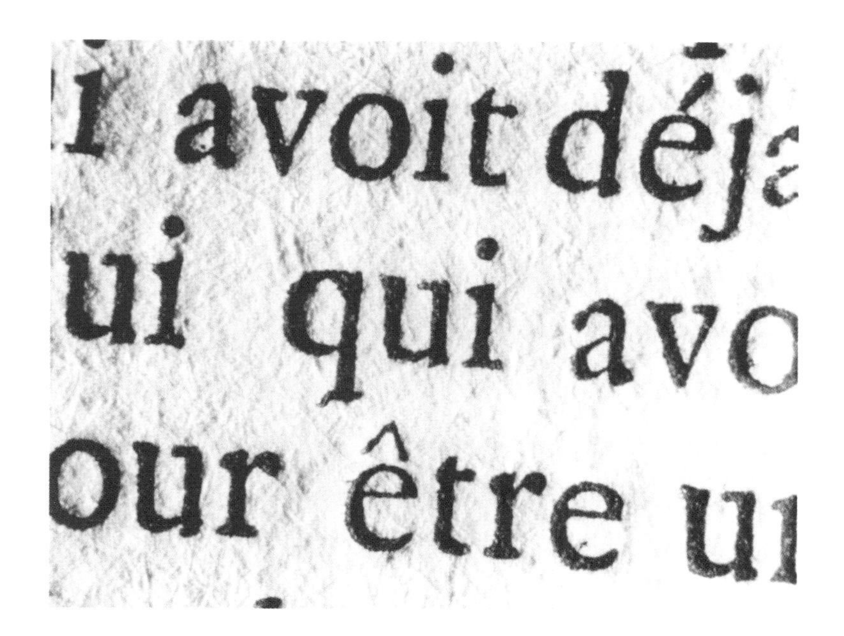

22.1　这张照片在效果上可能有点夸张，但它清晰呈现了手工制作的字体、纸张和印刷的品质。我们看到字符的字重、字形、印刷的压力都有着迷人的变化，并且在纯黑与纯白之间存在柔和的边界：这是如今很难实现的价值。(印刷于 1715 年)

颜色、厚度和方向完全相同的草组成的草场。读者的大脑会非常容易混淆，不知道该看哪里。在处理大量单调的事物时，大脑需要随机出现的不完美。

让我尝试另一种对阅读的解释，它仅基于我对个人经验的思考。虽然我不可能证明什么，但是我们需要一些这样的解释来理解这些事情："看"有两个层次。关于"看"，我指的不仅仅是眼睛如何工作，这是可以轻易从书本中找到的东西。更确切地

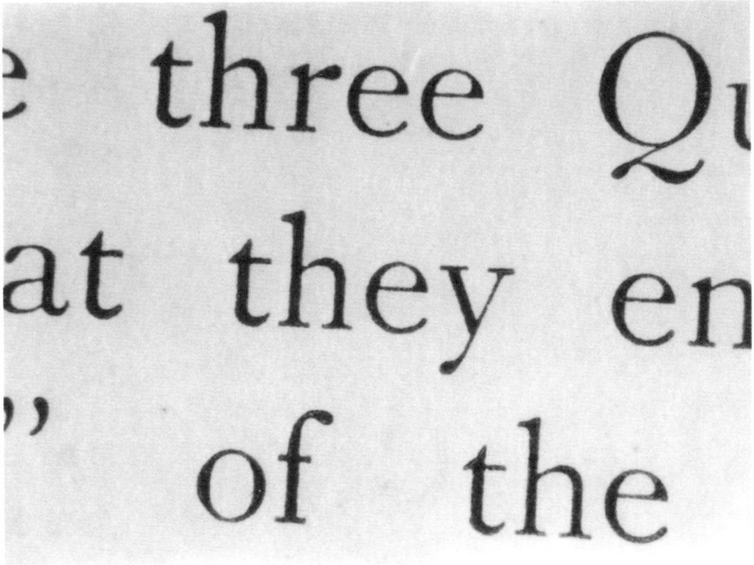

22.2　有着强烈的粗细笔画对比、印在极其光滑的纸张上，并且带有锐利的黑白边界的字形。到 19 世纪末，印刷厂认为这种完美性改善了手工制作的拙劣工艺。(印刷于 1908 年)

说，我指的是“大脑如何处理感知到的东西”：一些不那么容易找到明确答案的东西。真实的、有意识的“看”是存在的，但它也或多或少存在着无意识的层面。它们同时发生。

我们会看到很多我们没有意识到的东西。举个简单的例子：你正在乡间散步，视线集中在远处的一点。突然，一只鸟从你身边飞了过去。虽然你没有正视着它，而是注视着前方 200 米的某个地点，但却可以看到它从眼角处消失。也许是为了防止

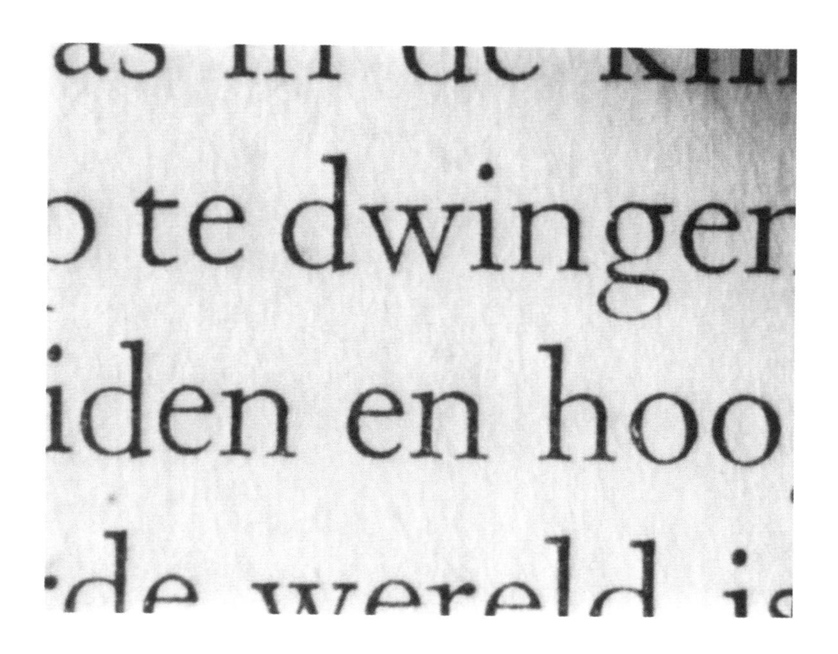

22.3　在这页工业制品中，手工页面的品质是显而易见的：蒙纳单字铸排机，在合适的纸张上活版印刷，其结果是均衡且合格的。(印刷于 1951 年)

可能的危险，大脑中负责无意识视觉的部分让你看到了这只鸟。作为城市里的行人，你并不在意在路上快速行驶的汽车：你习惯于忽视它们。你身体的某个部分记录了这一切，但不在意识层面。

无意识的观看必须与有意识的观看进行密切的沟通或合作。所以，你会发现自己在做一些根本无意去做的事，也就是进行所谓的反射动作。无意识的视觉覆盖了焦点区域外的所有区域。

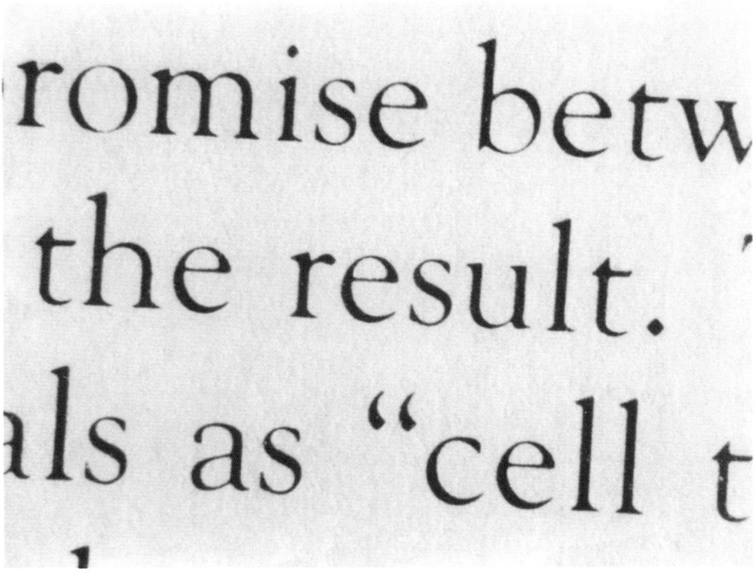

22.4　数字照相排版字体，胶版印刷。这个字体只有单基准轮廓：字符太细，版面太亮。纸张光滑洁白，黑白之间边界锐利。（印刷于 1988 年）

单基准轮廓（a single master outline），即字体都是同一个字重。——译者注

它很难控制，但在某种程度上是可以做到的。在阅读中，尤其是在你学习阅读的时候，你必须控制无意识的观看动作。然后，无意识的视觉必须接受这种非常特殊的状态和心态——只看距离在 40 厘米内的事物，避开其他部分。达到这种状态后，大脑的有意识部分就有足够的能量来承担识别和处理单词的过程。即使在学到阅读技巧之后，有意识与无意识之间的平衡依然在发挥作用。所以，你也许是一位经验丰富的阅读者，能够充分集中注意力，正在阅读一篇非常有趣的文章，突然，你的无意识视线活跃起来：“看那里，一只苍蝇正沿着页面顶部走着！”你不可能看不到。

文字设计必须注意这种无意识的观看动作：不是通过建立防蝇网来实现，而是通过移除引发警报，从而干扰阅读的因素。然而我也认为，无意识的观看动作会在视线无所事事时拉响警报。这可以解释在非常洁白、光滑的纸张上排布具有绝对边界的字符会发生什么——这样就有了百分百黑色到百分百白色的突变。一个每次出现都完全相同的字符也会导致混淆，如果不是为了无聊的话。另外，还需要花费精力来检测文本中的小记号：它们在文本中存在吗？所有这些结合起来，就意味着无意识的眼睛不知道看哪里。它想找到一些可以抓住的东西。你感觉无法把注意力放在页面上。无意识的部分开始罢工并停止与有意识的部分合作。你把视线从页面上移开，看看别处。然后无意识的眼睛被释放。你觉得你的眼睛痒了。或者你觉得自己累了，因为当你的身体真的疲倦时也会发生同样的事。但你仅仅是用了一页文字来折磨自己。

面向未来

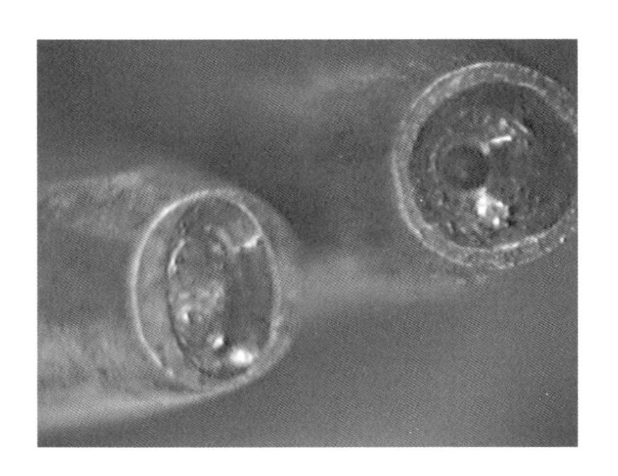

格朗容制作的一套铅字中的两个字冲。左边是小写 o，右边是数字 0。两个字腔的底部截然不同。看起来就好像格朗容一定是这样想的，“嗯，零是正圆的，所以我不妨钻出那个字腔吧”：在他那个时代，人们习惯用一个正圆代表零。这两个字冲被归于格朗容的作品是因为他完成了最后的精修工作。

23 数字时代的字冲雕刻

印刷业一直是个相当封闭的行业。早期的印刷工人对自己的知识保密。终于，活版排印师（typographer）或活版排印设计师（typographic designer）出现了，他们可以控制印刷生产过程，并担任与外界沟通的角色。大约在 20 世纪中叶，我们称之为平面设计师的人也出现了。与活版排印师的一个不同之处在于，平面设计师与社会的日常生活有着更密切的联系。他们超越了书籍排版工作，设计任何关于印刷或视觉传达的事物，包括许多以前做梦都想不到的东西。所谓的文字设计民主化始于 20 世纪五六十年代，那时打字机、转印文字、小型胶印机和复印机可供非专业人士使用。现在，个人电脑和激光打印机进一步推进了这一进程。某种程度的文字设计意识已经在非专业人士中变得更加普遍，知识和意识有可能得到更广泛的传播。传统绅士般的活版排印师和依赖他们的字体设计师已被驱逐出了他们的专业领域。或者说，就算他们还没被驱赶，他们身处的封闭且不受干扰的氛围也变得越来越不合理了。

我们过去曾说“印刷字体”或“印刷工字体”，但这个术语已经失去了它的意义。印刷工现在只是使用印刷机的人：使用字体的另有其人。无论如何，印刷字体在纸上的使用变得不那么重要了，现在我们能看到字体呈现在屏幕、建筑物和所有其他介质上。知识通过印刷文字传播，但这些知识使我们达到了现在的水平：我们仍然非常依赖印刷文字，但也不得不面对一个更加开放而复杂的环境。

写到这里，我们可以停下来讨论一下这本书的内容及其字冲雕刻的主题能为那些正在努力解决设计和信息传递现状的人提供什么启示。答案可能是：几近于无。设计师、学生，甚至教师，都不需要知道如何制作金属活字。他们可以在没有这方面知识的情况下工作，但这些知识会在理解活版印刷最基础的直接功能和基本经济学上起作用。即使仅在这个层面上，本书也有助于回答诸如“为什么早期字体看起来如此不稳？”和“我想要一个模糊的字体，为什么这种模糊性从字体中消失了？”之类的问题。

这样的一本书在更高的层面上找到了它的位置，即追问：“历史的价值是什么？”但这个表面上抽象的问题同样属于日常必需品。因为没有这些知识，你便会游移，漫无方向。无论如何，历史就在那里，了解它会有帮助。无论是置身人类历史的长河中，还是身处我们个体生命的短暂历程中，发现或记住过去发生的事对当下的生活都至关重要。这并不是说有一个现成的历史有待发现。历史在动态发展。新的发现、新的观点不断改变着已知事物的面貌。事实、数据和关于它们的知识，并不是我所说的历史。历史更像是我们试图去完成的拼图，但它永远无法完成。我们寻找的是讲得通的答案。

但是为什么这样做？有何目的？目的就是为了让你——读者——用过去来对比当下。在学院和大学里，有时历史只是学术生涯的资料。但历史也是一项人权，它应该对所有人开放。它是我们展现自己、思考自己和感受自己的方式，是我们创造文化的方式。关于“我们从哪里来”或遗产和祖先的故事不是历史的根本问题。它应该比这些更直接。历史所能做的是帮助我们感受到我们与我们所从事的和感兴趣的事物之间的联系。忘掉校史中的伟人和伟大事件吧。每个想象得到的主题或者活动，都有可以构建的一段历史。不要以为它只是关于艺术、科学、政治、宗教和战争的高级文化。不要以为它只能在档案室的纸本资料中读到。它需要的纸面工作远比专业的历史学家愿意承认的要少得多。与一位了解伟大音乐家所有生平的传记作者相比，一位反思自己解决音乐问题的方法的年轻摇滚吉他手很有可能可以聊更多关于帕格尼尼（Paganini）的趣事。历史需要变得更加活跃，所以它需要摒弃学术上的束缚。原则上，历史几乎没有规则和固定的视角、方法。它就是关于重新思考我们所知道的，看看新发现或被重新思考的东西的事情。这是一个不断重新评估价值的过程。

活版排印的历史很难把握，它不完整、不清晰、有错误，过于古老又或许还不够古老。你得肯下工夫，也许这本书能帮上忙。至少现在我很清楚，坐看字冲是不够的。如果你想要了解这些东西，那你就得自己做一些。我建议理论家们应该尝试在叙述这些东西的时候把知识含量提高。

例如，探索印刷术在最初 150 年中产生了多少成果是很有意思的。通过探索发现，人们首先想到的是打破书写中隐含的限制：字母的字号和行增。由此，人们对活版排印过程的整体意识诞生了，其表现包括标准字号字体的发展，这使得不同的字体易于一起使用；还包括在不同字号的字身上铸造字体的可能性，以便将同一图形设置为不同的行增。有人发明了意大利体与罗马体配合使用，有人发展出了小型大写字母，还有人传播了罗马体本身。似乎在此后的 350 年里，人们是在已有的道路上进行扩张和技术进步。在最近的 100 年里，技术大大提高了效率、速度和控制力，但本质上有很大变化吗?

至于字体设计的本质部分——界定和生产字形，雕刻刀和钢件与现在的高端设备不相上下。当然，我们现在在定位、重复和字母的一般控制方面具有很大的优势。我们可以更快、更便宜地完成所有这些工作。这确实很重要。

所以，现在一套字体的开发和生产可以快速地完成。但设计一个古典罗马体的字符集需要多少时间呢？或者更准确地说，即在 16 世纪制作一套字冲花费的时间和现在制作一组具有字重变化的轮廓所花费的时间。我冒险地猜测，当时和现在完成这些工作的时间差距并不大。如果我们考虑的是大小写字母、一组数字、标点符号和一些其他基本字符，我们现在可以在不超过两周的时间内完成。而 16 世纪的字冲雕刻师至少需要一个月。但如果我们想制作一套完整的字体，包括所有必要的字符、匹配的意大利体、小型大写字母、一两个更大的字重，并且这些字符都能在所有字号下使用，那么我们可能还需要一到两年。而在 16 世纪，类似的工作——没有字重的变化——可能需要一年半的时间。因此，从当时到现在，任何差异都不大。设计的时间没有发生变化。

要设计一种字体的一整套铅字（字库），离不开基于经验的技能。技术可以提供帮助，但也仅仅是帮助。与其他更古老的技术相比，现在的技术可以让我们以自己的方式，更快、更便宜地获得经验，获得更好的控制能力。这些听起来都不错，它们是我们现在拥有的事物带来的福祉，但这些新的自由本身毫无用处。它们只有在与技巧、知识、经验，这些能够提供某种强大的、方向明确的引领的事物协作时，才会变得很强大。这些技术不是解决一切问题的神奇配方。它们甚至可能成为障碍，阻碍新的思考。自由是好的，只要你不沉溺于它们带来的狂喜中。

当前技术带来的另一个益处是我们使用的工具或设计软件。几个世纪以来，字体设计流程通常分为三个阶段：设计字符（制作字冲），字符对齐（铜模的对齐），铸造铅字。它们是三个截然不同的艰巨任务。但是现在，这三项工作通过软件第一次被整合在一起，定义字形、设置宽度、制作和检查最终字形的步骤都一次性完成了。你可以随时在这些任务之间切换。自 20 世纪 80 年代中期以来，这种灵活性已经实现了。即使在先进的照相排版时代，它也是一种全新的、未曾想过的东西，我们应该感谢开发字体设计程序的软件工程师们。这个新的自由是否有其不利的一面？流程中不可或缺的清晰性消失了。过去，材料迫使设计师执行泾渭分明的步骤。现在，设计师必须自己来定义他们的步骤了。

对字体设计师来说，从他们正在制作的作品的质量来看，没有任何技术能够完全解决“这些字符在使用时和印刷时看起来怎么样？”的问题。字冲与印刷出来的字符有着天壤之别。我们可能会说“高分辨率照排机与印刷成品的匹配度比字冲与活版印刷品的匹配度好”。但是考虑到光滑纸张或胶片上的清晰图形与相对更粗糙的印刷品之间存在巨大差异，这个说法并不像看上去那么符合事实。字冲雕刻师赋予他们的字符较大的笔画粗细对比度，他们知道印刷时字形会膨胀。这是可以模拟和预设的，并非通过制作只能看到字冲本身真实图形的烟熏校样，而是通过给字冲上墨并把它印在潮湿的纸上来实现。换句话说，他们可以在凸版印刷的条件下立即测试他们的产品。

现在的印刷，或者说文本的实际生产，并不像在手工活版印刷时期那么简单。字体曾经是个实物：一个固态且可预设的物体。现在，它不是固体了，字体设计师无法知道它将被如何使用。承载它的介质可能不是纸张。字号不再是标准的或预设的[23.1]。而且设计师对于如何处理字体不再有最终决定权：在其设计方面。这很奇怪。在活版印刷时代，我们需要对字母的形状进行精确控制。

现在，字体设计师面临如下境况。随着胶版印刷在过去30年左右的显著进步，我们期望字体可以高保真地印刷。但是，我们字体设计师正在失去对字体使用的控制权。再次提醒，我们引以为豪的新的自由也必须受到限制。

23.1　这些字母的设计者想不到它们会以这样的尺度呈现："LET'S PLAY"用的是 Denda New 字体，是设计师为佳能欧洲公司设计的定制字体。(安特卫普，2008 年)

24 字体设计和语言

有大量的文章提到了易读性。这些文章涉及从心理学家进行的实证研究到文字设计师非正式的推测。后者的讨论包括单词间距——更小还是更大？或者行间距——增加还是减少 1 个点的单位？对外行来说这些可能只是些细节，但是对文字设计师来说，这些细节是影响易读性和阅读舒适性的重要因素，也理应如此。随着文字设计技术的发展，我们不再仅仅讨论 1 点的差异，而开始讨论 0.1 点或 0.05 点的差异。这样的差异确实会产生影响，而且这一切都是为读者服务的。

文字设计师对数字的操控和对细节的微调非常吸引人——太吸引人了。如果你停下来回想一下“第一原则”[*]，你会发现另一个领域对可读性的影响可能与这些排版变量一样大，甚至更大。那就是某种特定语言与某种特定字体设计之间的相互作用。这是一个几乎未被讨论和认识到的问题。比如，考虑一下，为什么法语和荷兰语、荷兰语和英语的文本看起来如此不同。为什么爱尔兰语的文本看起来总是那么令人不悦？有什么办法可以改善这种情况？

在拉丁语文本中，不会发生这些视觉上的尴尬。源于拉丁语的现代语言在文字图像方面也相对较少出现令人不愉快的地方。也许拉丁语的字体样本看起来赏心悦目，但它们对使用任何

[*] “第一原则”指的是斯坦利·莫里森 1930 年所著的《活版排印第一原则》中提及的有关活版排印或者说文字设计的基本原则。——译者注

现代语言的文字设计师来说都是没用的。所有这些都为我们解释了某些语言在视觉上的尴尬。

在正式书写及之后的早期印刷中成为标准的字形，是为它们所要传播的语言而设计的，这个语言通常是拉丁语。字母出现的频率，尤其是字母组合，决定了这种语言的外观特征。因此，在书写这个高度灵活的设计和生产系统中，字母的形状是由拉丁语的重复率和组合特征决定的，就如运动的流水为石头塑形一般。如果小写字母 j 的使用频率更高，那么这个字母不会像它现在这样从基线垂下，而是会像 n 一样立于基线，或像 o 一样悬浮着。字母 j 是一个个案，它是一个历史性错误。但是荷兰语和英语这样的语言必须面对它。

出于标准化方面的原因和对效率和经济的盲目服从，文字设计没有将目光投向更远的地方，而只是停留在了 a、b、c、d、

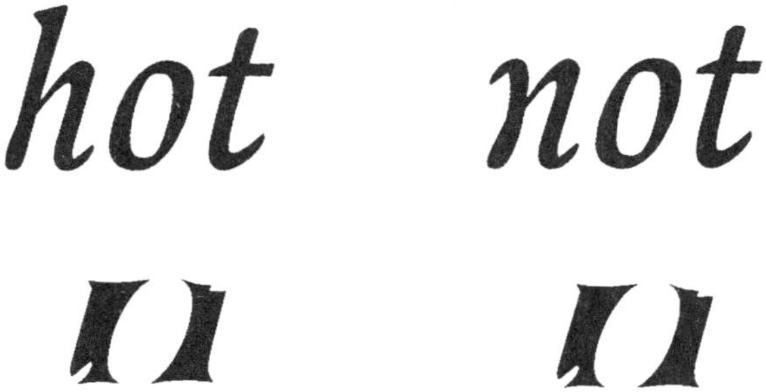

hot *not*

24.1 英语可能只使用 26 个小写字母，但它们组合的方式数量巨大。然而，这些字母之间的负空间所呈现的形状在数量上却少得多。每个字母都有自己的形状，但是一些相邻字母的负形可以共享。想想 q 和 d，或者 n 和 h。因此，“hot” 和 “not” 虽然是两个不同的单词，但字母之间的形状相同。

e、f、g、h、i、j、k、l、m、n、o、p、q、r、s、t、u、v、w、x、y、z 这些字母上。教条式的规则，以及希望做一款能让我们所有人在任意情况下使用的字体的想法，都使我们偏离了易读性和可读性的真正目标。语言和文化的历史中发生过一些怪事，我们可以从诸如 ß、æ、œ 中看到它们的痕迹。有些语言会保留它们，但它们可以被更适合的字形取代。

我们有 26 个字母。你可以用这 26 个字母创造多少个单词呢？很多：这是肯定的。在论及语言的视觉特征时，我们通常只会说某个字符在这个语言中比在那个语言中使用得更多。或者我们有时会更加精确。我们知道在由 10000 个字符构成的荷兰语文本中，平均会有 1586 个 e、1425 个单词空格和 858 个 n。* 但这些数字究竟说明了什么？你也许会回答说语言之间可以相互比较，字母 y 在英文中出现的次数可能比在荷兰语中高出两三倍，等等。为了得到真实信息，我们必须更进一步。

我们知道我们有 26 个字母，用它们可以创造的单词数量是人类无法计算的。然而，如果我们考虑的是所有可能的字母组合，那么这 26 个字母之间的形状的数量可以计算出来：罗马体（小写和大写）有不到 150 个，意大利体有大约 110 个。字母 x 在我们看来并不陌生，但 xx 却很奇怪，当然是在一个单词内时：除非用于罗马数字，否则这似乎不可能发生。令人难以接受的不是两个 x 的外观，而是让两个 x 彼此相邻而产生的菱形 [24.1]。威尔士语、弗里斯兰语（Friesian）和爱尔兰语就是例子，它们

* 巴蒂斯（Battus）：《荷兰语与语言学》（*Opperlandse Taal- & Letterkunde*），阿姆斯特丹：克里多（Querido），1981 年，第 123 页。

schrijn
schrijn
schrijn

schrijn

24.2　小写字母 j 看起来像被悬挂着的问题（上，Romanée 字体）在设计师的早期字体（中）中得到了极端的处理，基线上的衬线为字符提供了坚实的支撑。在 Scala 字体（下）中可以看到该思路的另一种设计方案。

中包含许多这种不和谐的组合。这些视觉上的笨拙往往会使语言看起来格外难以学习和阅读。它们表明，这种语言的书写传统较弱，而口语生命力更强。如果这些语言在几个世纪中充分地书写，那么它们会拥有属于自己的视觉效果。但现在，它们突然被套上不合身的活版排印的外衣，看起来很奇怪。

威尔士语、爱尔兰语、弗里斯兰语、土耳其语、芬兰语、法罗语（Faroese）、马达加斯加语（Malagasy）……我该为这些语言做些什么呢？我什么也做不了。如果我是威尔士人，那我可以为威尔士语做一些字体。但我不会做，因为它不值得——或者说以现在文字设计运作的方式不值得。我的母语是荷兰语，所以我更关心这个愚蠢的字符 j，它在我们的语言中经常出现。之所以说它“愚蠢”，是因为它更适合阿拉伯文，而非拉丁字母的排版。在拉丁文中，它就像湿袜子挂在晾衣绳上。只要将大写字母 J 放在基线上，就能让人稍微接受一些。尽管无论如何都应该要有字母间距，但这时字母 J 的左侧会产生一个洞，当然这种情况只在全大写的单词里才会发生。但小写字母 j 仍是个大问题。一些设计师尝试在其右下部加一个角作为补救，以使它得到一些支撑 [24.2]。也可以在基线上加一点小衬线，这样它就真的可以立足了。这也使得它的右侧与其他字符的形状更有相关性。把使用这样的 j 的文本拿给平面设计师看，在字号为 12 点时他们没有任何反应：他们只是阅读它。但把文本设置为标题字号时，他们便开始叹气。普通人在其任何字号里都看不出差异，除非你给他们指出来。好的解决方案可能介于两者之间。

这些尝试确实提供了一种掌握不同语言的特征的方法。即使是在为一种人们无法阅读的语言做设计时，也可能是这样的。我认为对这些问题的调查研究比再编一本关于符号 & 的有趣小册子更有价值。

活版排印和语言之间的关系并不简单。活版排印不仅仅服务于语言，它还可以被视为对语言和文化的一种威胁。我们甚至可以将活版排印视作小语种的连环杀手。当然，这里讨论的“活版排印”不能脱离它所属的更强大的力量。因此，一方面，活版排印似乎带来了解放和开放，它使每个人都能降低成本。但与此同时，活版排印似乎也在说：“如果你无法跟上新的发展，或者如果你不能适应降低成本的模式，你就会灭亡”。这是一个自我应验的预言，它建立在对经济的狭隘观点上（虽然近年来微软已经开始提供少数民族的语言和文种）。一些语言和文化随着西方文明的进步而消亡。无论我们怎么看，这一切正在发生。我们任其发生，没有进行太多有意识的选择，对此我们一定会后悔。补救措施必须从中学阶段的年轻人开始。除了音乐和艺术，我们还可以教授制造和使用字母的技巧。

25 罗马体的极限

人们在字体设计和活版排印领域投入了大量的精力和努力。笼统地说，这一切可以归结为：随着印刷品和其他文本形式在整个西方世界的文献洪流中扩散，罗马体字形得到了发展与传播。

一切都始于一套字冲：刻在钢条上的一套字母（及相关符号）——一套字体。之后，由这套基本字母集扩展出了一套匹配的意大利体、斜体大写字母和小型大写字母。做好这件事需要付出很多努力，要使不同的部件和谐共处。然后，人们开始试图让这些不同字号的字体具有共同的外观。接下来，设计一致性的概念被有意识地制定和提出〔在"国王罗马体"（romain du roi）中最为明显〕。随后，这一想法进一步发展为增加配套的长体和略粗一些的字母。（这就是富尼耶试图实现的吗？）同时，受时尚和品位变化的影响，字体也不是永恒的。这项工作必须以其他风格特征重来一遍，由博多尼（Bodoni）等人完成。到18世纪末，商业压力开始在字体上显现出来。形状变化无穷的标题字体开始兴起。这些字母与用于连续阅读的字体关联甚微。

到19世纪下半叶，铸字厂首先开始重新启用古老的铜模，之后又覆刻了早期的字形："古典体"（old style）这个术语起源于此。有了机械化的字体生产、电力驱动的排版和印刷，人们普遍感受到了这种发展带来的影响。这些覆刻字体大多取材于活版印刷最初的150年，它们不仅被用于普通读物，还经过精心的设计和开发应用于印刷，只不过是为了商业目的。因此，正文字体被加粗和放大，以使其看起来像标题字体——结果不尽如人意。而字体的概念也开始发生变化了。

到了 20 世纪 20 年代初，一种字体正在变成一个大工程：一个希望以任意字号、字重或字宽应对任何任务的字母家族。其中最成功的当然是字形最适合如此处理的字体：News Gothic、Franklin Gothic、Futura 以及后来的 Univers 和 Helvetica 等无衬线体。现在，罗马体印刷字体的制作速度很慢，因此成本也很高，因为它需要满足难以仅靠一种设计实现的多个需求。这与 15 世纪末的德国金匠形成奇怪的对比，他们能为他们的意大利客户用不到一年的时间提供新的设计。随着字重和字形变体的进一步增加，竞争对手之间的模仿，以及至少能提供与竞争对手相同数量产品的压力，全能型字体家族的概念开始蔓延。拥有庞大字库的字体厂商出现了。

除了为完成一项不可能完成的任务而进行的竞争之外，从 20 世纪 60 年代开始，技术也在不断变革。照相排版取代了金属排版，很快又被数字技术取代。罗马体的发展及其影响并未停止。像 Times Roman 体和 Helvetica 体这样的主力字体增加了读音符号和特殊字符。其他文种（非拉丁文）的风格也被罗马化了，以创造出一个更加扩展的设计产品，以同一个字体名称销售。超大字符集由此诞生。所有这些都以质量为目标：无论过去还是现在，这个目标在这个行业中很重要。虽然口头说着质量，但是为了效率、速度和价格，它有时会被忽略了。

数字技术的到来也带来了每种新技术都会伴随的挫折。但经过时间和努力，我们开始找到全新的、从前无法想象的控制水平。质量与控制是好朋友。在工业流程中，他们或多或少是孪生的。

25.1　无级可变字体的概念并不新颖，它的“发明”也很难归功于某个人。在 40 多年的发展中，赫里特 · 诺尔泽（Gerrit Noordzij）对字母的处理方法显示出了其潜力。“平移”（translation，就如由平头笔书写）和“扩展”（expansion，由弹性的尖头笔书写）这两个坐标轴被赋予了第三个维度。

所以，一些早期的数字思想在20世纪80年代末的常用软件中得到了实现。例如，小字号低解析度屏幕显示优化（hinting）和插值（interpolation）在20世纪70年代初就被考虑到了——现在已被视为理所当然的，因为不可或缺 [25.1, 25.2]。它们似乎使我们回到了20世纪初金属时代惯用的字体处理方式。

这些事情几乎完全由字体和软件行业掌控，并且是在幕后进行的。要把事情做好仍然需要相当大的投入：要花时间，需要学识和专业技能。这对于正式的字体设计来说依然很重要，尤其是当他们必须满足电子表格、网页、数据库和一般界面的要求时。如今，正式的文字设计工作中遇到的问题比以往任何时候都更加复杂和困难。就这一点来说，似乎没有太多变化。要使字体正常工作，依然需要付出很多努力。

许多人可能对此表示怀疑。当然，变化肯定是有的。没错，过去30年来发生了许多变化，并且尚未停止。字体生产现在对设计师们开放了。他们已经成为字体行业的一部分，不再是

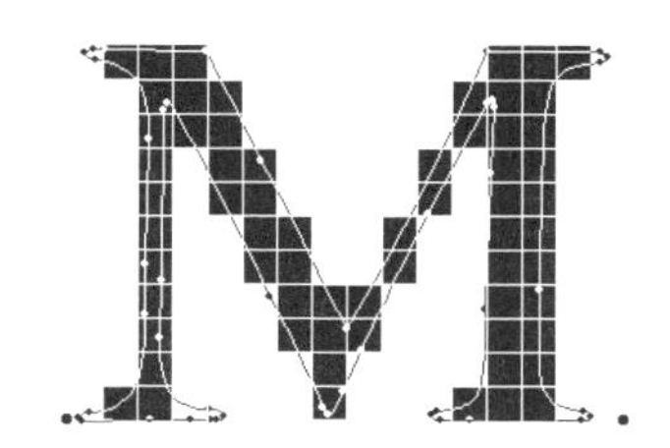

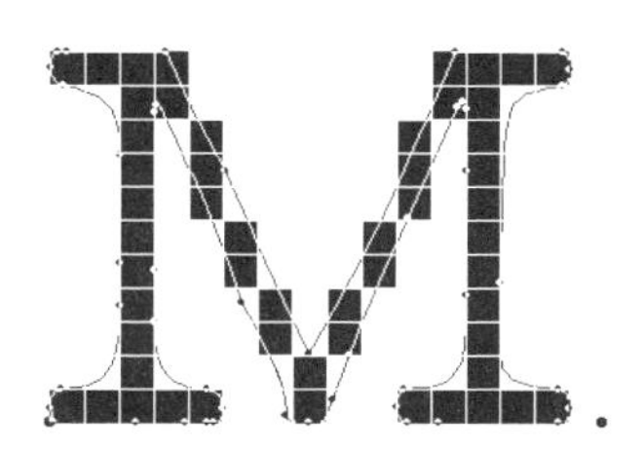

25.2 对数字字体的严格控制的需求促进了复杂的“小字号低解析度屏幕显示优化”方法的发展。通过对小字号低解析度屏幕显示优化方法的应用，可以修改轮廓以适应栅格的约束，从而产生最佳的视觉效果。

待价而沽者；而且对某些设计师来说，他们甚至已经成为这个行业本身。

这一点，加上新方法所带来的各种可能性，为设计师提供了新的路径 [25.3]。所有这一切比我们最初认识到的要多得多。该推测将在下一节中讨论。

Q

QBE	Query-By-Example
QC	Quality Control
QIC	Quarter-Inch-Cartridge
QIS	QuickDraw Interchange Format
QPS	Quark Publishing System
QSAM	Queued Sequential Access Method
QSP	QuickDraw Streaming Protocol
QTAM	Queued Telecommunication Access Method
QUIC	Quadra Universal Interface Connector

Q

QBE	Query-By-Example
QC	Quality Control
QIC	Quarter-Inch-Cartridge
QIS	QuickDraw Interchange Format
QPS	Quark Publishing System
QSAM	Queued Sequential Access Method
QSP	QuickDraw Streaming Protocol
QTAM	Queued Telecommunication Access Meth
QUIC	Quadra Universal Interface Connector

25.3　一本由艾米 · 拉姆齐（Amy Ramsey）编辑和设计的关于计算机缩略词的口袋书中某页上的变体。尽管这里可能只有一种字体（Kosmik），却是在以完全不同的方式使用。在左侧，字体以常规方式使用。在右侧，可以更随意：字母每次出现的形状都不同，所以它们采用了不同的角度和位置。向下看 Q 的短线，感觉似乎只是为了好玩，但其实这些变体会增强"扫度性"和阅读乐趣。这样的实验（可以追溯到 20 世纪 90 年代中期）也可以在非常正式的文字设计中使用，而且用现在的技术很容易实现。

26 开篇和变革

字体设计仍然掌握在专业人士手中。带着热爱，他们花费大量时间在字形、间距，以及小字号字体设计的相关问题上。一个历史性的视角会对此有所帮助。

17 世纪，铸字厂成立时，一个缓慢的进程开始了——字冲雕刻师成为他人设计的执行者。后来，在 19 世纪末，随着缩放仪被引入铅字生产，字冲雕刻师完全消失了。于是，当时的人们必须投入大量的时间和精力来开发和总结经验。这种经验主要是指在设计（工作图纸）与最终以小字号设置和印刷的文本的效果之间建立桥梁。但是“设计”实际上不仅仅意味着工作图纸，还包括字母的对齐和压缩。如果设计过程缺少最后这两个部分，设计师在干什么？只是在混日子吗？对齐和压缩通常掌握在生产人员手中，有时施工图中的第一阶段也掌握在他们手中。直到经过数年费时费钱的实验，进一步从事字体工作后，设计师才能开始了解自己在做什么。

工业时代的一些设计师——W. A. 德威金斯就是一个著名的例子——与生产者之间建立了良好的互信关系。他们发展出一种使生产者与设计师紧密联系的工作方式，并且依然能够以共同认可的方式改变和控制字形。德威金斯以尽可能小的字号制作字体模版的形状，但也要在他能够控制的范围内。

然而，大多数工业时代的字体设计师似乎都目光短浅且胆小怯懦。他们对所掌握的一切知识都秘不外宣。他们认为生产不是设计的重要组成部分，而是一种迫不得已的事情，表现为一种低智识层面的活动。设计师获取足够经验的漫长成长过程是一项相当大的投资。这项投资必须被小心翼翼地保护起来。这些人煞费苦心地将自己打造成特殊人群，不受活版排印之外的任何因素影响：为小众市场服务的小圈子。他们穿着西装喝着美酒，谈论着字母，写写关于彼此字体的随笔。但是输送知识不是他们的目标。这或多或少是 20 世纪上半叶的著名字体设计师给人留下的印象。

现在，他们这种态度已经没有立足之地了。试试，看会怎样。当今工作条件的真正优势在于可以比以往任何时候都快地生产字体，而且由你自己控制。今天做的设计，明天就能用任何想要的字号测试。40 年前要花几个月时间去做的事情，现在几天就可以完成。因此，你可以比以往更快地从自己的作品中学到东西。

但这并不像它所暗示的那样简单和容易。设计师必然要有所表达，设计一种新字体必须有充分的动机。这个动机可以从日常实践中获得或创造。你不是想当然地设计一款字体。首先，你必须了解现有字体，最好是使用过它们。只有这样，你才能够看到需求，准确制定目标，从而创造显然还不存在的字体。接下来便开始制作，并测试其视觉质量以及在使用中的真正效果。这一切都需要时间。测试过程中真正关键的是人为因素，与技术关系不大。人为因素从不会像技术本身那样迅速变化。要想在字体设计——我指的是长期的、连续文本的文字设计——上有所成就需要经验，要获得这些经验至少需要 5 至 10 年的时间。

我们有足够的理由认为有才华的年轻设计师学习得很快。这不仅仅得益于计算机等新的技术，还因为在一些地方，他们很好地吸收了经验并以一种非常有效的方式进行交流。许多字体设计课程脱颖而出，尤其是在海牙、雷丁和莱比锡。在这些地方，院校的教学实践都显示出了与前数字时代活版排印的连续性，传统可以用一种有生命力的方式来研究。这一连续性得益于它们都是公立机构，因此能够进行长期规划。

市场对印刷品的需求仍在增长。所以积累经验的机会更多了。技术的发展确实有所帮助。但你仔细思考，它能提供的帮助并没有我们最初设想的多。教育机构和技术设备能做的无非是为年轻设计师提供有机会自学的环境。只要字体的创造者和使用者还是人，真正的限制就都来自人而非技术。

其中一个限制或条件因素便是年龄。年轻设计师也是年轻人，他们有着年龄带来的优点和缺点。有些错误必须一犯再犯。但是最近几年的技术发展为年轻字体设计师们扫清了障碍：这不容否认。字体设计师的平均年龄在惊人地下降。这些著名的年轻设计师有荷兰人，还有法国人、德国人、美国人等。

新技术对年轻人的影响总比对年长者的影响快。年轻人与其相伴成长，他们不必从早前的观念中转变过来。技术、年轻从业者、诸多社会变革——所有这些都意味着小规模、多样化的大门已经打开。这是否也意味着这些新的可能性将得到有效利用，还很难说。这是一个没有规则的时代，没有强大的社会运动或意识形态可以生成明确的态度或信仰。每个人都可以做自己想做的事，每一种态度或风格都有自己的位置。所以做出判断很困难，而我们又回到了人类本质的问题：人的身体、人的感知和可用性的制约因素。

斯坦利·莫里森（Stanley Morison）著名的“第一原则”

（first principles）现在看来可能也并非一无是处，但它们也不完全正确。“字体设计按照最保守的读者的步伐前进”的想法只是幻想。* 人们以他们想要和需要的方式来制作文本。他们当然不会等着斯坦利。差异性越多越好。如果青少年电视节目使用不规则且不稳的全大写字幕，那么哪个沾满油墨的活版排印师有权力谴责它呢？没有人——除了曾经对这类节目中的一个感兴趣的我。我想阅读一次采访的字幕，但就是跟不上。我的大多数学生也跟不上，而他们属于这个节目的目标群体。你可能会做得太过极端，即使是在现在。如果你想让人真正阅读某些东西，那就不要把字体用得像插画一样。

传统主义者，或者更确切地说，传统的教条主义者常常被新技术冒犯。如果这些技术似乎在鼓励人们蔑视规则和惯例，他们当然会感到不快。但是硬币都有两面。除了抱怨，守旧的人还没有对这项技术所提供的可能性做太多的了解，事实上这种技术可能很符合他们的传统观念。他们无法做出这种调整，因为活版排印的象牙塔里仍然摆放了太多的鲜花。入口处的守卫者是形似莫里森的神像。这些男人（其中没有女人）的气场依然太强大。我们应当立即移走这些雕像。接着，象牙塔和它的神秘感将会崩溃。

这些神像不需要被炸毁，只需移动到书籍排印部。我们需要看清它的真面目：只是几个文字设计部门中的一个。很奇怪，这是唯一一个有神像的地方。为什么当我们开始谈论书籍或长期

* 斯坦利 · 莫里森：《活版排印第一原则》（*First Principles of Typography*），剑桥：剑桥大学出版社，1967 年，第 7 页。

的版面稳定的文字设计时，脑海中就会浮现神像呢？神像的名字隐约出现：莫里森、范克林彭、吉尔（Eric Gill）、奇霍尔德……

然后呢？很多人抱怨平面设计学生对历史一无所知。真的有那么糟糕吗？对莫里森的了解真的对他们有帮助吗？他到底对我们的学生说过什么？什么都没说：因为他从来没跟任何20岁的年轻人说过什么，不管是以数字的形式还是其他。但我们不能完全归咎于斯坦利·莫里森。是我们这些后来的文字设计师们一直试图让他的石像开口说话。我们倾向于只关注产品和教条，而不关注过程及其背后的问题。对学生来说，“斯坦利是谁”不是重点。如果他们感兴趣而且认真的话，他们总会遇见他。

我们不如花时间鼓励学生诚实。只有诚实的设计师才能以新的眼光面对新的挑战（新的不代表狂野）。只有诚实的设计师才能剔除活版的淤泥，看看剩下的是什么。然后，他们可以决定活版排印中值得添加些什么。“值得”与否很难定义，因为即使在书籍排印中，其边界也是开放的。例如，为什么要使用一些在视觉上并没有发挥作用的三手、四手的巴斯克维尔（Baskerville）字体的仿制品呢？仅仅是为了名为“巴斯克维尔”的雕像吗？

除了字体风格的问题之外，还有一个问题是关于我们可能需要放在文本中的特殊符号。技术让你可以指定自己的文字设计材料：不仅是字形，还包括你可能想键入的任何内容。许多设计师仍然没意识到这意味着什么。这令人难过，因为新的文字设计材料和程序不可能仅仅来自于字体设计师。各类用户中都有潜在的贡献者。数字时代的一大优势就是这些用户可以制作或指定自己的文字设计材料。我们只能庆幸，这样的程序已经被编写出来，而且很容易获得。

没有什么可以阻止我们保留好的东西，甚至在它的基础上进行扩展。没有什么可以阻止文字设计以严谨的方式进一步发展，尤其是在那些与传统书籍设计没有太多共同之处的部门。仍存在一些广阔的、几乎未被发现的空间，尤其是在信息设计以及所有不完全基于纸面印刷的领域。

出现爆炸性增长的领域之一，是使用或围绕图形界面构建的数字产品和在线服务，而且这绝不会是暂时现象。在这里，许多设计原则都至关重要，其中包括屏显文字设计。字体设计师需要与其他专家在用户界面及其他相关领域密切合作。为了创建高效且针对特定产品的解决方案，必须如此。因为市场具有明显的全球化特征，所以对非西方语言和非拉丁文字的支持成为迫切需要关注的问题。(自从 1996 年本书第一版出版以来，这些领域的工作有了显著的发展。)

尽管有未来主义的场景（通过民用卫星进行全球互联），屏显设计师所面对的技术仍是相当基本和原始的。低分辨率的电视显示器正被用于显示复杂的信息。字体设计师可能又要面对 x 高为 6 个像素的情况。这将我们带回了本书的开篇：如何制作一个可接受的文字图像这一十分基础的问题（第 4 章）。我们所熟悉的纸媒在我们对它的感知和图文分辨率方面往往相当包容。虽然我们接受低分辨率图像要比低分辨率文本容易得多，但相较之下，屏幕在这两个方面都很苛刻。

这些新的发展主要发生在世界上有特权和受过良好教育的地区。文字设计的资源往往被引导到计算机公司、设计教育、专业期刊等相当狭窄的领域。技术先进的文字设计帝国过于自给自足，自我辩护，而不与其所处的社会其他部分联系起来。

与此同时，西方世界的很大一部分地区在没有设计的情况下也能应付自如。走进任何一个城镇的购物中心，看看写着“出售”的标牌：它们会是珠宝店和服装店通用的标准告示。古董店老板放一把旧椅子在商店外，座椅上有一个笨拙的“营业中”的标识牌（它太笨拙，以至于你会有点嫉妒）。任何一个路过的日本游客，都会立刻知道这是什么意思。没有任何“设计”能胜过这个。无论什么内容，这里不需要“质量”，除非是免费的。这里需要的是快速而廉价的东西，永远不会改变。

我们设计师为自己工作——为文字设计师进行文字设计——的程度，比我们愿意承认的更多，或者比我们愿意思索的更少。外面有一个不需要我们的世界，我们无论如何也帮不上忙。文字设计仍然附着着一种善意的光环：清晰度、可读性、沟通性，以及让人们欣然接受的其他所有词汇。

所有的技术变革都促成了这一重要的社会事实：与20年前相比，更多的人可以获得字体。大型厂商的控制放松了。创作文字设计物料所需要的生产时间、劳动力和资金都可以大大减少；所涉及的风险也小得多。实验性的尝试，重复并从已有的文字设计中学习，都很容易。对于年轻的或更激进的设计师来说，有一条可以创造出某种氛围的开放路径，在这种氛围中，先入为主的观念、习惯、仪式和教条可以被质疑或直接忽略。文字设计已经成为一个舞台，在这个舞台上年轻设计师们敢于戴上傻瓜面具，扮演小丑的角色。起初的成果很有趣，有时也很具挑战性。但硬币总有两面，到现在，舞台上已经挤满了戴着这些面具的人，想象着面具就是他们的真实面孔。不过，这样的潮流无疑使整个文字设计领域变得松散起来。老牌字体厂商只能接受这一点，同时面对其他更大的影响，如财政压力和企业合理化。它们或适应之，或被并购，或者消失掉。

字体（及其应用于印刷后的成果）本质上具有正式性的特点——仅仅是因为它需要时间、知识和资金。字体过去是，现在也是一项投资，而且是一项不能儿戏的投资。人们希望尽可能长时间地利用他们的投资。所以，字体设计是非常正式的，字体必须尽可能长期地承受时间的风雨。这就难怪印刷历史最初的三百年只制造出了正式和半正式的字体。

反之亦然。如今，字体可以被廉价地购买，因为制造它通常不需要大量的知识、劳动力或资金（尤其当你盗版现成产品时）。人们普遍认为容易获得的东西价值不大。如果这些容易获得的商品寿命不长且未来不确定，也不会造成什么损失。这个原则几乎没有什么例外。如此看来，趣味字体的爆炸式增长不过是顺理成章。

屏幕已经成为信息的重要载体。但它不会取代任何其他东西，它只是对我们现有的全部载体的补充。试图去理解屏幕几乎是不可能的事。它们是一种被普遍接受的现象，但几乎只有不到 50 年的历史。在考虑源于纸张（或类似载体）的正文排版时，我们所做的仅仅是将屏幕与纸张进行比较，结果相当令人沮丧。屏幕跟纸张完全不同。如果我说“屏幕”，我指的究竟是什么呢？这个问题的正确答案超出了本书的范畴。我们假设屏幕仅仅是某个可以承载信息并且能自我刷新的东西，不管这是通过光线、像素还是翻转的立方体实现。正是因为这个显示不同内容的刷新功能（这本书就无法做到），屏幕才显得如此重要。这也意味着我们能让文本和图像移动或改变颜色。简而言之，我们可以把信息视为动画。这是一个强大的设计工具，对文字设计而言着实是新鲜事物。除了一些早期的包豪斯实验和卡通片外，探索相关可能性的实践并不多。据我所知，甚至没有一本关于它的正式书籍！但是现在，基于屏幕或动态的文字设计正在被投入图形界面、网站和相关领域的爆发性的世界中。很难预知这将如何影响字体设计和文字设计。令人兴奋的是，屏幕文字设计没有多少历史可以回顾。关于谷登堡的“活”字，我们指的是一些本质上不同的东西，把它拿来比较并没有太大帮助。

字体从固定的物质性的呈现转变为数字化的文件，这为我们提供了更多的可能性。字体可以是智能的，它们可以随意调整和改变外观 [25.3]。这仅仅是新潜力的开始。智能化的字体能够做的不仅仅是简单地表达它们自己，无论它们做什么，都不会止步于屏幕。重申一次，这是一个相当开放的领域，有着未知的视野。不用说，这些充满可能性的开放空间是透明的。它们不属于特定的风格、运动或用途。

所有这些对于字体设计和文字设计意味着，新事物不是计算机、像素、贝齐耶曲线或互联网。真正的新事物是便宜、流程简化、动态和内置智能。这就是现在的样子。字体设计和更广泛的文字设计在持续发展。这可能相当复杂：庞大和复杂到我们无法掌控。现在比以往任何时候都更需要专业知识。但是无论发生什么，它都发生在我们周围而不是我们内部。没有什么能让我的眼睛比现在更好地浏览，或者让你的大脑对色值更加敏感。这些是基础，它们不会改变。

——

我们可能以为，自 15 年前这本书首次出版以来发生了许多事情。是的，确实发生了一些变化，但几乎没有任何实质性进展。激光打印机以 600 dpi 分辨率作为标准，它们也可以打印彩色了。我们的 LCD 屏幕有彩色值和灰度值——非常有助于以可接受的方式显示阅读字号的字体，并且逼真的图像看起来更好了。分辨率只会随着屏幕的物理大小而增加。与此同时，屏幕也在缩小：无论我们走到哪里，便携的小屏幕似乎都能满足我们的需求。

现在，非拉丁文字体不仅从学术角度，而且也作为日常设计的一个领域被认真对待。这一方面得益于技术的发展——OpenType 作为标准的字体格式，让我们能够显示比纯拉丁文更复杂的文种。从另一方面讲，字体设计学科开始重视非拉丁文(雷丁大学的课程在此起到了主导作用)。全球线上交流已成为常态：尽管纸张的使用仍在增长，但屏显字体现在已经超越了印刷字体。一天 24 小时互联的人们与落后者之间割裂，变成富人和穷人之间差距的同义词。穷人渴望知识；富人 24 小时在线，但是大部分时间却在进行网络社交。也许你觉得在线社交似乎没什么伤害，但如果你想想两三台便携电脑对非洲某个村庄的年轻人意味着什么，就不会这么认为了。

尽管如此，无论是在屏幕上显示还是印刷出来，理想情况下都应该使用同一个字体文件。当前的问题又在错误的一面得到了解决：字体的那一面。如果所有浏览器都使用相同的栅格化程序，那么无论使用哪个浏览器，对待字体都将一视同仁。这个世界——用户——当然不需要另一个字体方面的大问题。

与此同时，这个舞台（第 207 页）已经人满为患：它太拥挤了，以至于虚拟舞台成为一个受欢迎的方式。任何在现实世界中无法表现的人，都得到了第二次机会。唉，让每个人都有发言权是有代价的。被倾听这件事很吸引人，它太有吸引力以至于我们开始相信被倾听本身比表达什么更重要。字体设计作为一门学科并没有摆脱这种庸俗性以及随之而来的一切。

最后，但同样重要的是，我们仍然没有真正的动态字体！我指的并不是电影里来回移动的字母。不，我们在等待自带动态属性的字体文件。现在从技术上讲是可行的，但是动态字体（至少作为一种简单和可选的效果）成为一种普遍的设计工具仍需要一段时间。

附录

Hendrik van den Keere

Henric vanden keere de Ionghe | Lettersteker | wenscht allen beminders van goeden Letteren | in alles voorderinghe ende verstant met God. Eersame ende lieve Leser | aenghesien datter alreede vele ende verscheyden gheschreven Letteren by Drvcke int licht ghecomen zijn | zo tot voorderinghe vander Ioncheyt | als ooc eensdeels wt niewicheyt: zo hebben wy ons ooc met den anderen dorren bestaen (niet wt verwaende vermetelheyt dat kendt God | nemaer alleenlijc tot exercitie ende wt liefden der Consten) ooc een ander niev gheschreven Letter int licht te brijnghen | waer af wy V. L. met desen een proefken presenteren | na die gracye die ons God ghegheven heeft. Bidden V. L. tzelve over danckelijc t'accepteren | verhopend beters metter tijt | by der hvlpen Gods | wiens ghenade wy v bevelen.

Henric vanden keere the younger | letter-cutter | wishes divine furtherance and favour in all things | to all lovers of good type. Honoured and beloved reader | seeing that many and various script types have by now appeared in print | made for the benefit of youth | and partly for novelty: we (not out of pride or presumption, God knows | but in the ordinary exercise of our art and for the love of it) have seen fit to produce another | and hereby we lay before you a small specimen of it | as God has given us grace. We beg you to accept it | and meanwhile we hope to do better | with God's help | and pray His blessing upon you.

亨德里克·范登基尔

年轻人亨德里克·范登基尔 | 字母雕刻师 | 愿你在所有事情中取得成就和支持 | 致所有优秀字体的爱好者。

尊敬和敬爱的读者 | 现在已经有许多不同的手写字体出现在印刷中 | 为了年轻人的利益 | 部分出于新奇：我们（上帝知道，这并非出于骄傲或傲慢 | 而是我们在日常的艺术实践中，出于对它的热爱）认为应当再制作一款 | 特此，我们把它的小样本摆在你面前 | 就像上帝赐予我们恩典一样。

我们恳请你接受它 | 同时我们也希望做得更好 | 在上帝的帮助下 | 为你祈求祂的祝福。

这是在我们的插图 3.7（第 45 页）中复制的文本。由亚历山大·费尔贝尔内（Alexander Verberne）抄写。英译本改编自哈里·卡特和 H. D. L. 费尔夫利特：《Civilité 体》（*Civilité Types*），牛津：牛津书目学会，1966 年。

奥尔坦（Haultin）

皮埃尔·奥尔坦（1510/1513—1587/1588年）与克劳德·加拉蒙（1510/1513—1561 年）和罗伯特·格朗容（1510/1513—1590年）同属一个时代，他很容易被认为与那两位字冲雕刻师不相上下。这三位，以及安托万·奥热罗、西蒙·德科利纳（Simon de Colines）和纪尧姆一世·勒贝一起站在法国字冲雕刻师圈子的顶端，他们的名字和作品直到今天依然享有盛名。

与加拉蒙和格朗容相比，奥尔坦似乎是最彻底的实践者。他不仅是一个字冲雕刻师，还督造铸字项目，印刷了不少书籍。如果没有合适的字体，奥尔坦就干脆雕刻一套。他还是一个铜版和木版雕刻家。他所做的这些工作都是为自己或知名的印刷厂效力，如罗伯特一世·艾斯蒂安（Robert Estienne I）。

像罗伯特·格朗容这样的人至今被提及，主要是由于他对实验的渴望，他在字体字冲雕刻艺术中的鲜明风格，以及他在字冲世界中所扮演的角色。相比之下，皮埃尔·奥尔坦则更代表着一种立场，在这种立场上，字冲雕刻师的技能被用于印刷中某个特定的动作或态度。正如 H. D. L. 费尔夫利特写道：“在日内瓦的新的《圣经》和《诗篇》的活版排印的摇篮里，站着一个单纯的工匠：皮埃尔·奥尔坦。法国宗教改革的大规模迅速发展与1550 年至 1560 年期间日内瓦《圣经》印刷的发展相吻合……”*

* H. D. L. 费尔夫利特，《法国文艺复兴时期的传统活版排印》（*The Palaeotypography of the French Renaissance*），莱顿：布里尔，2008 年，第 I 辑，第 246 页。

这意味着，就字体设计来说，奥尔坦也许不是第一人，但在同时代人中，他无疑创造了最有经济效益的文本印刷页面（这让所有那些廉价的袖珍《圣经》成为现实）。奥尔坦可以说是实用主力型字体的教父。他是那种即使有些东西已经存在，却仍会找出理由来改进它，仅仅为了在页面上多省出一两行（而丝毫不牺牲可读性）的人。这是在之后的几个世纪里经常反复出现的一个目标。

奥尔坦的正文字母最早是通过梵蒂冈样本《字符索引》（*Indice de Caratteri*，1628 年）的复制品引起了我的注意。某些奥尔坦的字体窄得令人震惊。从那以后，奥尔坦的字体一直困扰着我。20 世纪 90 年代初期，我把照片放大，开始把它们与我自己的 Quadraat 字体进行比较。我注意到，Quadraat 字体的字腔已经非常窄了，而奥尔坦的字体的字腔比 Quadraat 还窄。我以为我已经把 Quadraat 字体做得很好了，但显然奥尔坦更加大胆。

奥尔坦制作的字体的一个显著特征是，他的小写字母 a 通常向右倾斜得有点太多了，这一特征在我的演绎中得到了缓和。另一个特征是他的小写字母 g 的字碗相当大。这些特征容易识别，能让我们辨认出他的作品。

他的字体被广泛使用，每当我查阅 16 世纪及之后的印刷品时，经常发现其中使用了奥尔坦的字母。偶然间，我一次又一次地遇到它们，无论是在某个有早期印刷书籍的展览中，还是在电视上播放的某部历史电影中：专家在阅读一本旧书中的一段文字，然后摄影机给了印刷文字的特写镜头，是的，奥尔坦的字体！直到 19 世纪初，奥尔坦的字体一直受到广泛的赞赏和使用。

虽然并不是有意而为，但奥尔坦活跃在印刷商和知识分子中，这些人天生具有批判性，不怕质疑，甚至会为所有被天主教会禁止的东西而战。奥尔坦的许多客户都是自由思想者，可以说，他们的很多由于内容激进而被认为具有煽动性或至少有该嫌疑的书籍，确实是用奥尔坦的字体印刷的。其中颇著名的是伽利略（Galileo Galilei）的《星际信使》（*Siderius Nuncius*，威尼斯，1610 年）。

有人可能会把 Haultin 字体看作对 Renard 字体的复刻，但我对此表示怀疑。关于 Renard 字体，现存有字冲、铜模和印刷品。Haultin 字体的字冲没留下来，只有一些铜模［A.2］和印刷品［A.3］。但是由于它所模仿的字形字号太小，你仍然不能称其

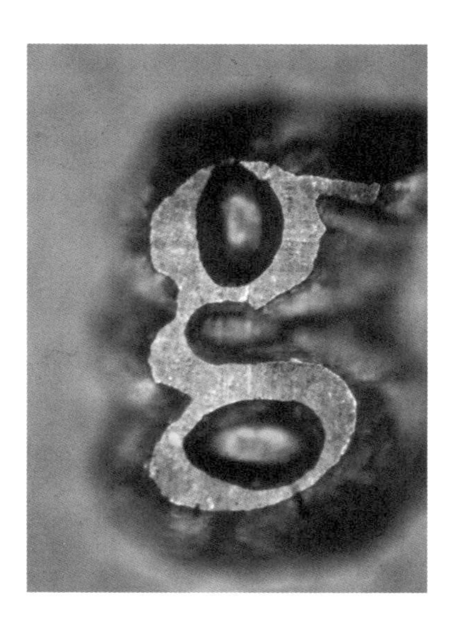

A.2　来自奥尔坦的 Coronelle Romaine 字体的小写 g。这是字冲（现已丢失）在铜模上留下的图像。

为复刻。例如，Renard 字体是基于 x 高略小于 7 毫米的字母设计的：你可以好好地观察它。为了设计 Haultin 字体，我主要参考了他的 Coronelle Romaine 字体和 Nonpareille Romaine 字体的铜模（分别为 6.5 点和 5.8 点）。这些虽然都是小字号，但至少可以让你清楚地看到比例。在这些字体的铜模中发现的些许粗糙的字形很直观，但是几乎不能推导出字母是怎么演变至今的——改变了形态，还是通过印刷工艺进行了修缮。在铜模中的固定字形与印刷结果中的各种各样的字形之间来回切换，天平最终会明显地偏向印刷的字形。这种情况下阐释的余地很大。它是如此之大，以至于无论是谁来做，这样的作品都只能被看作个人化的解读。

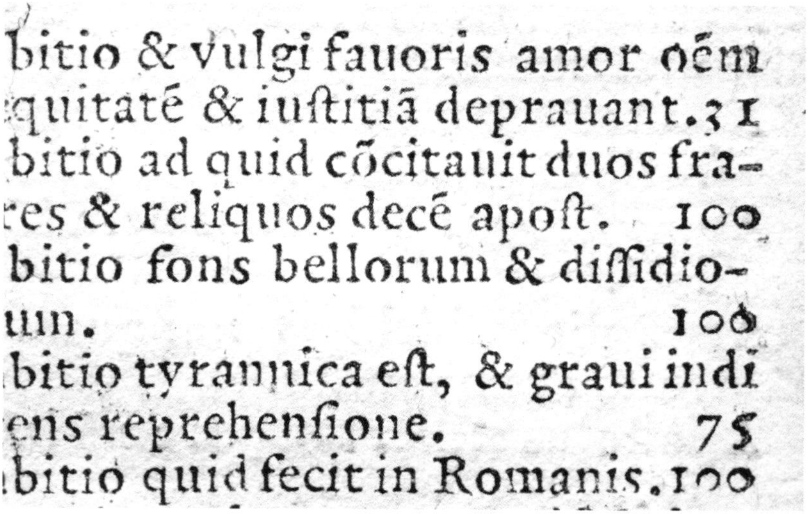
bitio & vulgi fauoris amor oēm
quitatē & iuſtitiā deprauant. 31
bitio ad quid cōcitauit duos fra-
res & reliquos decē apoſt. 100
bitio fons bellorum & diſſidio-
um. 100
bitio tyrannica eſt, & graui indi
ens reprehenſione. 75
bitio quid fecit in Romanis. 100

A.3 用奥尔坦的 Coronelle Romaine 字体印刷的文本细节。图 20.2（第 162 页）以实际字号展示了另一个例子。

文献

下列是关于字冲雕刻的重要著作和相关的文献材料。

1 F. C. Avis, *Edward Philip Prince: Type Punchcutter*, London: Avis, 1967

2 Harry Carter, *Fournier on Typefounding: The Text of the 'Manuel Typographique' (1764–1766)*, London: Soncino Press, 1930 (reprint: New York: Franklin, 1973)

3 ——, 'Optical Scale in Typefounding', *Typography*, no. 4, 1937

4 ——, 'Letter Design and Typecutting', *Journal of the Royal Society of Arts*, vol. 102, 1954

5 ——, 'Plantin's Types and Their Makers', *De Gulden Passer*, vol. 37, 1956

6 ——, 'The Types of Christopher Plantin', *The Library*, 5th series, vol. 11, 1956

7 ——, *A View of Early Typography up to About 1600*, Oxford: Clarendon Press, 1969 (reprint: London: Hyphen Press, 2002)

8 Benvenuto Cellini, *Treatises on Goldsmithing and Sculpture*, translated by C. R. Ashbee, London: Essex House Press, 1898 (reprint: New York: Dover Books, 1967)

9 Henk Drost, 'Punchcutting Demonstration', *Visible Language*, vol. 19, no. 1, 1985

10 [Enschedé] *Proef van Letteren*: facsimile of the Enschedé type specimens of 1768 & 1773, with a commentary by John Lane, 2 vols, Haarlem: Stichting Museum Enschedé, 1993

11 Pierre-Simon Fournier, *Manuel Typographique* [1764 & 1766], ed. James Mosley, 3 vols, Darmstadt: Technische Hochschule Darmstadt, 1995

12 György Haiman, *Nicholas Kis: a Hungarian Punchcutter and Printer 1650–1702*, Budapest: Akadémia, 1983

13 Sem Hartz, 'An Approach to Designing Type', in his *Essays*, Aartswoud: Spectatorpers, 1992

14 Frans A. Janssen, 'Ploos van Amstel's Description of Type Founding', *Quaerendo*, vol. 20, no. 2, 1990

15 ——, *Fleischman on Punchcutting*, Aartswoud: Spectatorpers, 1994

16 Rudolf Koch, 'Vom Stempelschneiden', *Gutenberg Jahrbuch*, 1931

17 Jan van Krimpen, *A Letter to Philip Hofer on Certain Problems Connected with the Mechanical Cutting of Punches*, Cambridge, Mass: Harvard College Library, 1972
18 Joseph Moxon, *Mechanick Exercises on the Whole Art of Printing* [1683], ed. Herbert Davis and Harry Carter, Oxford University Press, 1958 (reprint: New York: Dover Books, 1978)
19 Stan Nelson, '"Any Fool Can Cut a Punch..."', *Matrix*, no. 4, 1984
20 Christian Paput, *La Gravure du Poinçon Typographique*, Massy: TVSO Éditions
21 *Inventory of the Plantin-Moretus Museum: Punches and Matrices*, Antwerp: Plantin-Moretus Museum, 1960
22 Rollo G. Silver, *Typefounding in America, 1787–1825*, Charlottesville: University Press of Virginia, 1965
23 *Type Specimen Facsimiles 16–18*: Reproductions of Christopher Plantin's *Index Sive Specimen Characterum*, 1567, and Folio specimen of c. 1585, together with the Le Bé-Moretus specimen, c. 1599, with annotations by H. D. L. Vervliet and Harry Carter, Toronto: University of Toronto Press, 1972
24 [Vatican Press] *Indice de Caratteri*: facsimile of the Vatican Press, type specimen of 1628, with an introduction and notes by H. D. L. Vervliet, Amsterdam: Hertzberger, 1967
25 H. D. L. Vervliet, *Sixteenth-century Printing Types of the Low Countries*, Amsterdam: Hertzberger, 1968
26 ——, *The Palaeotypography of the French Renaissance: Selected Papers on Sixteenth-century Typefaces*, 2 vols, Leiden: Brill, 2008

在关于这一主题的历史文化语境下的文献中，彼得·伯克（Peter Burke）的《文艺复兴》（*The Renaissance*，伦敦，麦克米伦，1987年）非常有帮助。

图片来源

除了另行注明外，图示和照片均由作者提供。第 30、60、100、168、184 页的照片来自作者制作的视频。

我们非常感谢以下同事在图片方面的支持：

埃里克 · 范布洛克兰（Erik van Blokland）为图 25.3 提供字体
耶勒 · 博斯马（Jelle Bosma，蒙纳印刷字体设计师）为图 25.2 提供了一个文件
科里纳 · 科托罗巴伊（Corina Cotorobai）是图 23.1 的作者
乔纳森 · 赫夫勒（Jonathan Hoefler）为图 3.8 提供了一个文件
马丁 · 梅杰（Martin Majoor）为作者拍摄照片，用于封面
罗布 · 莫斯泰特（Rob Mostert）是图 9.1、图 9.2、图 12.1、图 12.2 和图 12.3 的作者
赫里特 · 诺尔泽为图 25.1 提供了一个文件
电子显微镜照片，图 12.4 和图 12.5 在奥西 – 荷兰完成拍摄。
埃里克 · 沃斯（Erik Vos）是图 3.7、图 10.1、图 10.3、图 10.4、图 20.1、图 20.2、图 20.3 和图 20.4 的作者

第 30 页、第 60 页、第 100 页、第 158 页、第 168 页、第 184 页、第 218 页：普朗坦 – 莫雷蒂斯博物馆，安特卫普

3.5　W. A. 德威金斯，美国莱诺字体加勒多尼亚（US Linotype Caledonia）字体样本，1939 年
3.6　伊姆赖 · 赖因奈尔（Imre Reiner），《图像》（*Grafika*），圣加仑：措利科费尔（Zollikofer），1947 年
3.7　普朗坦 – 莫雷蒂斯博物馆，安特卫普［R 63.8］
6.1　梅尔马诺 – 韦斯特雷尼亚尼姆博物馆（Meermanno-Westreenianum Museum），海牙［3F24］

6.3 梅尔马诺 – 韦斯特雷尼亚尼姆博物馆，海牙 [10D16]

6.4 梅尔马诺 – 韦斯特雷尼亚尼姆博物馆，海牙 [10C155]

6.6 大英博物馆，伦敦 [Harley 2577]

6.8 梅尔马诺 – 韦斯特雷尼亚尼姆博物馆，海牙 [2D22]

6.11 扬 · 奇霍尔德，《字母知识》(*Letter Kennis*)，迈德雷赫特（Mijdrecht）：赫拉菲莱克基金会（Stichting Graphilec），日期待考

7.1 纽伯里图书馆，芝加哥

7.3 圣 · 布莱德图书馆，伦敦

7.4 圣 · 布莱德图书馆，伦敦

7.5 圣 · 布莱德图书馆，伦敦

7.6 圣 · 布莱德图书馆，伦敦

7.7 圣 · 布莱德图书馆，伦敦

9.1 乌得勒支中央博物馆（Centraal Museum Utrecht）

10.1 普朗坦 – 莫雷蒂斯博物馆，安特卫普 [R 6.5]

10.2 莱顿大学图书馆 [629 G 13:1]

10.3 普朗坦 – 莫雷蒂斯博物馆，安特卫普 [A 2007]

10.4 普朗坦 – 莫雷蒂斯博物馆，安特卫普 [A 1007]

10.5 安德烈 · 雅姆（André Jammes），《路易十四时期的皇家字体改革》(*La Réforme de la Typographie Royale Sous Louis Xiv*)，巴黎：保罗 · 雅姆（Paul Jammes），1961 年

19.1 H. D. L. 费尔夫利特，《低地国家的 16 世纪印刷字体》(*Sixteenth-century Printing Types of the Low Countries*)

20.1 普朗坦 – 莫雷蒂斯博物馆，安特卫普 [R 6.5]

20.2 普朗坦 – 莫雷蒂斯博物馆，安特卫普 [A 1813]

20.3 普朗坦 – 莫雷蒂斯博物馆，安特卫普 [A 415]

20.4 普朗坦 – 莫雷蒂斯博物馆，安特卫普 [A 146]

21.4 斯坦 · 奈特（Stan Knight），《历史手稿》(*Historical Scripts*) 伦敦：A & C 布莱克（A. & C. Black），1984 年

22.1 雅克 · 索兰（Jaques Saurin），《圣经中各类文本的讲道》(*Sermons sur Divers Textes ...*)，海牙：许松（Husson），1715

22.2 刘易斯 · 卡罗尔（Lewis Carroll），《通过镜子和爱丽丝发现的东西》(*Through the Looking-glass and What Alice Found There*)，伦敦：麦克

米伦，1908 年

22.3 斯坦利 · 莫里森，《活版排印基础》（*Grondbeginselen van de Typografie*），乌得勒支（Utrecht）: 德汉（De Haan），1951 年

22.4 理查德 · 鲁宾斯坦（Richard Rubenstein），《数字文字设计》（*Digital Typography*），马萨诸塞州雷丁 : 艾迪生 · 韦斯利（Addison Wesley），1988 年

A.3 普朗坦 – 莫雷蒂斯博物馆，安特卫普 [A 1813]

图 4.4 和图 5.2—图 5.5 中使用的文本来自尼尔 · 阿舍森（Neal Ascherson）在《星期日独立报》（*Independent on Sunday*）中的专栏〔“游历字母表”（“Journey to the End of An Alphabet”）〕，1993 年 11 月 7 日。

如上文所述，向以下允许本书重现他们所拥有的资料的机构致谢 : 安特卫普的普朗坦 – 莫雷蒂斯博物馆、芝加哥纽伯利图书馆、海牙梅尔马诺 – 韦斯特雷尼亚尼姆博物馆、莱顿大学图书馆、伦敦大英博物馆、伦敦圣 · 布莱德图书馆、乌得勒支中央博物馆。

索引

术语表

按照西文顺序

表 1

A **accent**
读音符号
alternates
备用体
ampersand
拉丁语“et”的缩略号，& 号
拉丁语“et”含义为“and”(和)

anchor
锚点
斯卡廖内：(在字体设计软件中）可以强调（轮廓上）基本特征的参照点。

anti-aliasing
抗锯齿边缘优化
aperture
由笔画形成的开合度
apostrophe
缩写及所有格号
ascender
上伸部
字符轮廓中从 x 高向上延伸的笔画

Association Typographique Internationale, ATypI
国际文字设计协会

baseline
基线
字母在水平排列时由底部产生的隐形的线，它相当于字体 x 高的底边。

B **Bézier curve**
贝塞尔曲线
梅塞格尔：由皮埃尔·贝塞尔于 1960 年左右开发，并以他的名字来命名。贝塞尔曲线最初被用于航空和汽车设计的技术制图。贝塞尔发明了一种描绘曲线的数学方法，并成功地将其应用于计算机辅助设计程序。后来推出的适用于计算机中高分辨率印刷系统开发的 PostScript 编程语言，就包括了贝塞尔方法，用于生成曲线和形状的代码。
姜兆勤：按法语应当译作“贝齐耶曲线”。

black letter
黑体字母

body
(铅）字身
一个字符轮廓的垂直尺寸，以欲雕刻的字符轮廓的矩形或正方形铅块为大小，不管字形如何或呈现于何种介质。它包含了字符轮廓及其周围的白空间。一般来说，它以活版排印的点作为测量单位。

bounding box
字身框
bowl
字碗
book
书籍（正文）字体
broad-nib pen
扁头笔

C **calligraphy**
书法
正规的书写体，现在可能作为装饰性和装饰物出现。(这里指的是西文)

capital (majuscule, uppercase)
大写字母
源于罗马体大写字母
在文字设计中指的是字母表中大写字母的集合。uppercase 这个术语来自大写字母位于活版印刷字盘上半部分的位置。

capital height, cap height
大写字高
casting
铸字
Central European, CE
中欧字符集
character
字符
字体中的字母、数字、空格、标点符号或其他符号。
刘钊：character 很容易和 glyph“（数字时代）字符轮廓”混淆，一个 character 可以有很多个 glyph，前者是字，后者是形。在 OpenType 技术下，两者区别很大。
姜兆勤："字符"概念通常不包含写法和设计风格的信息，而"（数字时代）字符轮廓"的概念均包含。
character map
字符映射表
character palette
字符面板
character set
字符集
（某一字体所支持的）全体字符
code
代码（编程）、编码（Unicode）
姜兆勤：Unicode 中对编码更确切的称呼为 encode。
colour
版面灰度
component
部件
composing room
排字间
composing stick
手盘
computer-to-plate, CTP
计算机直接制版
condensed
长体或窄体
字体家族中的变体。与常规体相比，其占用更少的横向空间。
contrast
笔画粗细对比
斯卡廖内：字母中最粗笔画和最细笔画之间的粗细度差异。
control character
控制字符
corner
拐点（锚点类型之一）
corner point
角点
counter
字腔
字符轮廓内部的白空间，它可以是开放或者封闭的空间。
counterform
负形
counterpunch
字腔字冲
counter-counterpunch
字腔之字腔字冲
crossbar
横画
cursive
（西文）草书
curve
曲线（字符的曲线笔画。有时圆形的曲线被称为圆环或半圆环）；弧点（锚点类型之一）
custom font (bespoke font)
定制字体

D **dash**
连接号
debossing
压凹凸法
descender
下伸部
字符轮廓中从基线向下延伸的笔画
desktop publishing, DTP
桌面出版
diacritics
变音符号
digit
数字 / 数目字（偏重构成数字的单元）

dingbat
装饰符号
display
标题字体
通常具有较大的字号
dot
点、句点
double prime
角秒符号
dropped capital, drop cap
下沉式段首大写字母
dry transfer sheet
干式转印纸
ductus
轨迹
用书写工具书写时留下的动线或路径
dumb quote
直引号

E **Egyptian**
埃及体
一种粗衬线的文字设计风格
electrophoretic ink, E-Ink
电子墨 / 电泳液
ellipsis
省略号
em
全身
em dash
破折号（全身）
em space
全身空格
en
半身
en dash
连接号（半身）
en space
半身空格
engineers' font
机械型字体
eszett, ß
字母 ß（ss 的合字）
exclamation mark
感叹号
expanded
扁体
expansion
扩展（型）
extenders
延伸部
包括上伸部和下伸部
extra tracking, extra
加大的（字距）
extreme point (extremum point)
极值点
extreme
（笔画的）顶端

F **figure space**
数字宽度空格
figure
数字 / 数目字
fit
相邻的字面和字身的侧间距之和
first-line indent
首行缩进
fixed width nonbreaking space
等宽不断行空格
flag
字头
例如 f 的右上角
flatbed proof press
平版（打样）印刷机
flourish
装饰笔形
米登多普：主要指笔画中段艺术处理
flush space
对齐空格
font
（铅字时代）一副铅字；（数字时代）一套字体（带有品牌描述时是字库，通常是复数）
字体（font）是字体家族中可出售的最小的完整单元。在数字印刷字体中，这是一个数字文件，它包含了一个字体家族的一个变体的数据，并存以一种特定的格式，如 OpenType、PostScript Type 1、TrueType。

font family (typeface family), family
字体家族
根据共同的、正式的标准设计，并且按照一个通用的名称分组的所有变体形式的字符集合的系列字体。

font header
字体标题
斯卡廖内：字体代码中包含的能与操作系统和桌面出版应用形成功能链接的信息。例如，它出现在字体菜单中的确定名称。

font metrics
字体参数

Font Remix Tools
字体混合生成器

foundry
铸字厂商或字库厂商
销售或生产字体的行业，这个名称源于旧时生产金属活字的工厂。

fraction
分数

free zone
字身字面之间的区域

fullwidth
全角

G

gaiji
外字
陈永聪：日文词，也被称为额外的字符(external characters)，一般指的是未编码的或用户无法输入的字符。

gally
铁盘
用于对排好顺序的一排或者多排铅字行进行文字设计的托盘，设计好的版面在铁盘上用绳子捆版固定。

glyph
(数字时代）字符轮廓，简称数字轮廓。
斯卡廖内：字符是一个概念单位，而“(数字时代）字符轮廓”则是图形表现形式。例如，代表拉丁字母的大写字母“A”的数字轮廓，也可以代表希腊字母的大写字母“A”。
姜兆勤：以字身框为单位的 glyph 来自铅字时代，在数字时代通常体现为填充后的字符轮廓，glyph 是带设计风格的图案信息，在数字时代体现为轮廓信息，在铅字时代体现为形体信息。GB/T 9851.2-2008《印刷技术术语 第 2 部分：印前术语》4.31 译为“字符轮廓”。

grid
网格
在一定空间内，遵循规则构成元素的一种结构框架，适用于一个体系内的所有元素，例如一张字母表中的字符，或者一本书中的页面。在最终产品中通常不会看到网格。

grunge
解构型（Destructive）字体，也叫垃圾摇滚风格字体。

H

hair space
二十四分之一空格

halftones
网点

halfwidth
半角

hand mold
手摇铸字机

hand-rendered lettering
手绘文字

hanging initial
悬挂式段首大写字母

heavy duty
低质量媒介下字体设计

height to paper (type high)
铅字的高度

hinting
小字号低解析度屏幕显示优化
梅塞格尔：用于提高屏幕上显示的分辨率或低分辨率的字符指令，并且由轮廓上节点的位置决定。

humanist
人文主义体
指意大利和法国文艺复兴时期的字体设计风格，源自人文主义者的手写体。
《文本造型》：在 Vox-ATypI 分类法中，它们也被称为 Venetian 体或 Garalde 体。

hyphen
连字符
hyphenation
断行用连字

I **indents**
缩进
initial capital
段首大写字母
initial
首字母
ink trap
挖角
斯卡廖内：在笔画交叉点人为地拓宽空间，尤其是当笔画交叉的角度非常小的时候。印刷时，这些空间会留住多余的油墨，以使笔画交叉处线条分明，轮廓清晰。
inline
空心字
instance
生成字
基于一对基准字体由电脑自动生成的字符轮廓
interlinear space
(interlinear spacing)
行间距
数字排版中，两行连续文本的基线之间的距离。
italic
意大利体
与罗马体的形式和结构不同的变体，通常具有一定的自然、有机的倾斜，使人们想起快速的书写动作。

J **jobbing printer**
印散件的印刷工人
jobbing type
小批量字体
junction
交叉点，两个笔画相交的点

K **kerned letter**
紧排字母（铅字）
kerning
字偶间距
梅塞格尔：特定字符对之间专有的字间距。
埃内斯特罗萨：在很多情况下，相邻字符间的空间不能实现最佳的字符间距，所以就需要一系列必要的调整。

L **laser typesetting**
激光排版
黄陈列："激光照排"概念在西方并没有对应词，西方只有 phototypesetting 和 laser typesetting 两个词，分别对应照相排版和激光排版。
leading
行距（铅字时代两行文字之间的距离）；铅条（在金属活版印刷中，是指两行活字之间插入的较宽的以点数为单位的软金属条）；行间距（数字时代，同 interlinear space）
legibility
易读性
特定字体中字符轮廓的可识别程度。尽管在这方面已经有大量的研究和科学实验，但还没有任何一个量化指标是有说服力的，因此它仍然是一个主观参数。
Letraset
（字母、符号）印字传输系统
letterform (lettershape)
字形（字母形式或形状）
程训昌：设计语境下，letterform 的"字"并不能指"字符"，因为有的字符（空格）没有形。
姜兆勤：编码语境下，是可见字符的抽象的显现形式，主要包含的是写法信息，一般不包括具象的设计风格信息。
lettering
绘制文字（对字母或其他符号的独特绘制）
letterpress
活版印刷
ligature
连字
指两个字符结合而产生的位于一个字身框的字符轮廓。其中最重要的是 and 缩略号"&"、审美趣味性的如"ſt"、技术性的如“ﬁ”，以及语音学或者语言学的如“æ”。

line break

换行

line spacing

（铅字）两行文字之间的距离与字高的相加之和

lining figure

正文等高数字

Linotype

莱诺 / 莱诺整行铸排机

lowercase (minuscule)

小写字母

“lowercase”来自小写字母位于活版印刷字盘下半部分的位置。

M

margin

页边空白（页边距）

master

基准字体

matrix

铜模

程训昌：个人认为“母型”更准确，但是在行业内“铜模 ”已经是一个约定俗成的词汇，正如“印刷字体”从字面上看也不准确是一样的。

metric kerning

字偶间距参数

modulation

笔画粗细对比调节

梅塞格尔：字体的笔画粗细和匀称性的变化。笔画粗细对比调节的程度涵盖了很大范围，从（几乎是）等线字体的笔画粗细零对比，到通过围绕一个经典字体轴线的细微变化，再到哥特字体的完全不同的笔画粗细。笔画粗细对比调节也与这个字体的草书体的属性有关。

modulation axis

笔画粗细对比调节轴

monolinear

等线字体

一种文字设计风格，其特征是笔画没有明显的轴线变化及粗细对比，没有衬线，犹如用一条始终如一的笔画绘制而成。在 Vox-ATypI 分类法中，它们被称为线型。

monospacing

等宽字体

一种文字设计风格，指所有的字符都占有相同宽度，字间距也一样。

Monotype

蒙纳 / 蒙纳单字铸排机

multiple master

多基准字体

斯卡廖内：这项技术由 Adobe 公司开发，将数字字体及字符的轮廓存为数字或数学方程式。因此，如果设计出最粗和最细的字符，就可以通过插值获得中间字重或风格的字体。

N

nonbreaking space

不断行空格

non-ranging numeral (non-lining, old-style figures)

不等高数字

适合与小写混排的数字，高度通常与 x 高一致，并且有延伸部。0、1、2 和 x 高一致，3、4、5、7、9 有下伸部，6、8 有上伸部。

number

数字 / 数目字（偏重数字的概念）

numeral

数字 / 数目字（偏重数字的数值或编号）

numerator and denominator

分子（数字）和分母（数字）

O

oblique

斜体

斯卡廖内：拥有正体结构却倾斜的字体（非草书体）。

（这类斜体通常由机械自动生成。与意大利体相对。）

offset printing

胶印 / 平版印刷

oldstyle figure (old style figure)

正文不等高数字

old-style roman

古典罗马体

oldstyle

古典体

OpenType
OpenType 字体
一种矢量字体格式，本质上是 TrueType 字体的扩展，更具灵活性，可用三次贝塞尔曲线或二次贝塞尔曲线描述轮廓，且具有更大的存储量。其扩展名既可以是 .ttf，又可以是 .otf。

opening quote
前引号

optical
视觉的

optical compensation
视觉矫正

outdent
段首凸出

overshoot
视错觉溢出补偿
梅塞格尔：一些字母设计得低于基线、高于 x 高或者大写字母，目的是弥补高度相同的圆形、三角形看起来要比正方形小的视错觉。

P

page cord
捆版线

Page Description Language, PDL
页面描述语言

papier-mâché slab
纸型

photocomposition
照相排版（简称照排）

phototypesetter
照排机

pica
派卡

pictogram
图形符号

pilcrow
段落符

platen press
圆盘机

point
点
文字设计的基本测量单位。历史上有 2 种不同标准的点数制：英美点制（基于 1 点 =0.3514598 毫米）和欧洲或迪多点制（1 点 =0.376065 毫米）。12 点活字在前者中被称为 1 派卡或全身字符，而在后者中则被称为西塞罗（cicero）。现在的标准是桌面出版或 PostScript 点数（1 点 =0.3527785 毫米），它于 20 世纪 80 年代在桌面出版系统中出现。参见表 3。

pointed pen
尖头笔

PostScript
PostScript 语言
图形行业的标准页面描述语言，由 Adobe Systems 于 20 世纪 80 年代开发。随之开发的还有字体格式。

prime
角分符号

proportional figure
比例宽度数字

proportional lining
正文等高数字

proportional non-ranging
比例不等高不等宽数字

proportional oldstyle
正文不等高数字

proportional ranging
比例等高不等宽数字

punchcutter
字冲雕刻师

punch
字冲、冲孔

Q

quarter space
四分之一空格

quotation mark
引号

R

ranging numerals
等高数字
具有统一高度的数字风格，通常与大写字母等高的数字。

raised cap
上升式段首大写字母

rasterizing
栅格化

readability
可读性
读者能够识别单词、句子和段落的程度。
斯卡廖内：读者在阅读某种字体的过程中体验到的舒适程度。

red Ulano masking film
红色优乐诺的遮光菲林

revival
复刻、覆刻、改刻
小宫山博史：复刻（直接数字化，这是一个负面词，往往设计的效果并不好才用）；覆刻（微调后数字化）；改刻（对原有设计进行提升后数字化）

river
行间连续白空间

Romain du Roi
国王罗马体

roman (regular, normal)
罗马体（常规体、标准体）
一个字体家族中最常用的变体。该字体无倾斜，且粗细适中。它是构成连续文本的最常用且最适当的选择。它的名字通常不在字体的名称中，因为它是字体的主要或基本的风格。

rubbing type
干式转印字

running indent
连续缩进

S

sampling word
样本词

sans serif
无衬线或无衬线体

script
手写体（表示字体设计时）；脚本（表示计算机语言时，它是一个包含特定作用的简单程序的小文件，用以补充解释它的软件）；文种（Unicode）

selection of character
基础字

serif
衬线（笔画端点元素）、衬线体（风格）
一般来说，衬线所呈现的风格源于书法或大理石（石材）雕刻。它是对原有使用工具的提示，被用于书写、绘制或雕刻。

shoulder
字肩
字体构造中，与字母（如“n”、“r”和“u”）中的竖画连接的横向有弧度的笔画。

sidebearing
（活字）字面和字身的侧间距
每个字符的横向空间

signature
折手

sixth space
六分之一空格

size
字号，也写作 type size

slab serif
粗衬线（体）

slashed zero
中间带斜线的 0

slug
铸条

small capital, small cap
小型大写字母
斯卡廖内：这些字母拥有大写字母的字形，却与小写字母的尺寸相近。它们用于首字母缩略词，用于强调或展示。当 all small caps 和 small caps 并置时，前者指的是大小写都转换成小型大写字母，后者指的是只将小写字母改为小型大写字母，大写字母不变。

small capital numerals
小型大写数字
与字体的小型大写字母高度相同且对齐的数字

small text
小字号字体

smart quote
弯引号

smoke-proofs
烟熏校样

spacing
字间距

specimen
样本，字体样本

standing type, live matter
or standing matter
备用活版

stem
字干
程训昌：字干可以是直线也可以是曲线。

stencil
模板字体
用模板印出的文字风格

stereotyping
浇铸铅版法

stroke
笔画
构成字符的每一个与负形相对的正形要素。这个术语是指笔迹。

subscript & superscript
下标和上标

subset
字体子集

superfamily
超大字体家族

swash
花式书写笔形
米登多普：主要指起笔和收笔，即具有装饰性特征的延伸笔画或额外笔画。

T

tabular figure (number)
表格等宽数字
其特点是占有相同宽度的空间，并且可以纵向逐一对齐，以便达到表格的功能。

tabular lining，tabular ranging
表格等宽等高数字

tabular non-ranging, tabular oldstyle
表格等宽不等高数字

tangent
切点（锚点类型之一）

template font
模版字体

terminal
笔画端点
多指衬线字体，但不是所有的笔画端点都是衬线。例如，在 Didone 风格的字体中，字母“a”的“泪滴”起笔并非衬线。

text
正文（字体）

the art of printing
with moveable type
西式活版印刷技术

the monumental alphabets
of ancient Rome
古罗马铭文大写字母

thin space
（铅字时代）五分之一全身空格，（数字时代）六分之一空格或八分之一空格

third space
三分之一空格

tracking
字距

translation
平移（型）
以不改变笔画方向为特征

TrueType
TrueType 字体
苹果公司和微软公司联合开发的一种用以对抗 PostScript 格式的数字字体。相对于后者，TrueType 格式的字符轮廓是用二次贝塞尔曲线代替三次贝塞尔曲线来描述的。它可以存储多达 65536 个字符，并且有更好的信息提示效果。

type
字体

type designer
字体设计师

type director
字体设计总监

typeface
字体

typesetter
排字工、排字机

typesetting
排字、排版

typesetting office
排字公司（或植字公司）

typographer
文字设计师、排版工人等（包含字体设计师）

typographic colour
文字设计的版面灰度
斯卡廖内：一段文字所生成的视觉明暗层次。

typography
（广义）文字设计，（狭义）活版排印，印刷字体（根据上下文）
1. 埃内斯特罗萨：将已有的字母——金属活字或者数字字体——用于图形化表达语言的形式。2. 用字体构成的艺术。3. 处理与字体相关的所有方面的学科。

U

uncial
安色尔体

Unicode
（标准）Unicode 标准；（码位）Unicode 码位
斯卡廖内：管理和实施 ISO/IEC 10646 规范的国际组织给世界上每个书写字符分配唯一的编码，形成字符集。该字符集是一份不断增长的列表，随着正字法的发展而不断改进。
姜兆勤：国际标准 ISO/IEC 10646 对标行业标准 Unicode 标准和国家标准 GB/T 13000。对“Unicode 码位”更合适的称呼为“UCS 码位”。

Unified Font Object, UFO
统一字体格式

uppercase initial
大写首字母

V

versatile
多用途型字体
法默：指的是通用于不同介质的字体，如印刷和屏幕显示。

vertical alignment
竖向笔画对齐

vertical stress
垂直轴线字体

W

wayfinding
导视

Web Open Font Format, WOFF
网络开放字体格式

weight
字重
指字体的笔画粗细。详情见表 2。

woodcut
（主要指西式）木活字

workhorse
万能型字体
法默：指的是可以应对小字号显示、低质量印刷和显示等不同条件的字体。

writing
书写活动
以连续的方式写出字母或其他符号，并且不必特别注意它们的风格。

X

x-height
x 高
字体中小写字母“x”的高度。这是决定字体视觉大小的重要因素，字体会根据 x 的比例关系做其他字母的延伸部。

表 2
字重术语

hairline	极细线或者极细体，也表示衬线字体中最细的笔画
thin	超细体
extra light (ultra light)	更细体
light	细的或者细体（如果指代字体，它是一个字体家族中的变体，笔画要比常规体的笔画细一些。）
regular or normal	常规体
medium	中间体
semi bold (demi bold)	半粗体
bold	粗体，一个字体家族中的变体，比罗马体粗
extra bold (ultra bold)	更粗体
black	超粗体
heavy	极粗体

表 3
字号术语

Bourgeois	九点
Brevier, Brevier size	八点
Brilliant	四点
Cicero	十二点
Diamond	四点半
Double English	二十八点
Double Pica	二十四点
English	十四点
Minion	七点
Nonpareil	六点
Pearl	五点
Pica	十二点
Small Pica	十一点
Text Secunda	二十点

按照拼音顺序

表 1

“et”缩略号，& 号
ampersand
拉丁语“et”含义为“and”（和）

OpenType 字体
OpenType
一种矢量字体格式，本质上是 TrueType 字体的扩展，更具灵活性，可用三次贝塞尔曲线或二次贝塞尔曲线描述轮廓，且具有更大的存储量。其扩展名既可以是 .ttf，又可以是 .otf。

PostScript 语言
PostScript
图形行业的标准页面描述语言，由 Adobe Systems 于 20 世纪 80 年代开发。随之开发的还有字体格式。

TrueType 字体
TrueType
苹果公司和微软公司联合开发的一种用以对抗 PostScript 格式的数字字体。相对于后者，TrueType 格式的字符轮廓是用二次贝塞尔曲线代替三次贝塞尔曲线来描述的。它可以存储多达 65536 个字符，并且有更好的信息提示效果。

（标准）Unicode 标准；（码位）Unicode 码位
Unicode
斯卡廖内：管理和实施 ISO/IEC 10646 规范的国际组织给世界上每个书写字符分配唯一的编码，形成字符集。该字符集是一份不断增长的列表，随着正字法的发展而不断改进。
姜兆勤：国际标准 ISO/IEC 10646 对标行业标准 Unicode 标准和国家标准 GB/T 13000。对“Unicode 码位”更合适的称呼为“UCS 码位”。

x 高
x-height
字体中小写字母“x”的高度。这是决定字体视觉大小的重要因素，字体会根据 x 的比例关系做其他字母的延伸部。

a

埃及体
Egyptian
一种粗衬线的文字设计风格

安色尔体
uncial

b

版面灰度
colour

半角
halfwidth

半身
en

半身空格
en space

贝塞尔曲线
Bézier curve
梅塞格尔：由皮埃尔·贝塞尔于 1960 年左右开发，并以他的名字来命名。贝塞尔曲线最初被用于航空和汽车设计的技术制图。贝塞尔发明了一种描绘曲线的数学方法，并成功地将其应用于计算机辅助设计程序。后来推出的适用于计算机中高分辨率印刷系统开发的 PostScript 编程语言，就包括了贝塞尔方法，用于生成曲线和形状的代码。
姜兆勤：按法语应当译作“贝齐耶曲线”。

备用活版
standing type, live matter
or standing matter

备用体
alternates

比例不等高不等宽数字
proportional non-ranging

比例等高不等宽数字
proportional ranging

比例宽度数字
proportional figure

笔画
stroke
构成字符的每一个与负形相对的正形要素。这个术语是指笔迹。

笔画粗细对比
contrast
斯卡廖内：字母中最粗笔画和最细笔画之间的粗细度差异。

笔画粗细对比调节
modulation
梅塞格尔：字体的笔画粗细和匀称性的变化。笔画粗细对比调节的程度涵盖了很大范围，从（几乎是）等线字体的笔画粗细零对比，到通过围绕一个经典字体轴线的细微变化，再到哥特字体的完全不同的笔画粗细。笔画粗细对比调节也与这个字体的草书体的属性有关。

笔画粗细对比调节轴
modulation axis

笔画端点
terminal
多指衬线字体，但不是所有的笔画端点都是衬线。例如，在 Didone 风格的字体中，字母“a”的“泪滴”起笔并非衬线。

扁体
expanded

扁头笔
broad-nib pen

变音符号
diacritics

表格等宽不等高数字
tabular non-ranging, tabular oldstyle

表格等宽等高数字
tabular lining, tabular ranging

表格等宽数字
tabular figure (number)
其特点是占有相同宽度的空间，并且可以纵向逐一对齐，以便达到表格的功能。

不等高数字
non-ranging numeral
(non-lining, old-style figures)
适合与小写混排的数字，高度通常与 x 高一致，并且有延伸部。0、1、2 和 x 高一致，3、4、5、7、9 有下伸部，6、8 有上伸部。

不断行空格
nonbreaking space

部件
component

c

（西文）草书
cursive

超大字体家族
superfamily

衬线（笔画端点元素）、衬线体（风格）
serif
一般来说，衬线所呈现的风格源于书法或大理石（石材）雕刻。它是对原有使用工具的提示，被用于书写、绘制或雕刻。

垂直轴线字体
vertical stress

粗衬线（体）
slab serif

d

大写首字母
uppercase initial

大写字高
capital height, cap height

大写字母
capital (majuscule, uppercase)
源于罗马体大写字母
在文字设计中指的是字母表中大写字母的集合。uppercase 这个术语来自大写字母位于活版印刷字盘上半部分的位置。

代码（编程）、编码（Unicode）
code
姜兆勤：Unicode 中对编码更确切的称呼为 encode。

导视
wayfinding

等高数字
ranging numerals
具有统一高度的数字风格，通常与大写字母等高的数字。

等宽不断行空格
fixed width nonbreaking space

等宽字体
monospacing

一种文字设计风格，指所有的字符都占有相同宽度，字间距也一样。

等线字体

monolinear

一种文字设计风格，其特征是笔画没有明显的轴线变化及粗细对比，没有衬线，犹如用一条始终如一的笔画绘制而成。在 Vox-ATypI 分类法中，它们被称为线型。

低质量媒介下字体设计

heavy duty

点

point

文字设计的基本测量单位。历史上有 2 种不同标准的点数制：英美点制（基于 1 点 =0.3514598 毫米）和欧洲或迪多点制（1 点 =0.376065 毫米）。12 点活字在前者中被称为 1 派卡或全身字符，而在后者中则被称为西塞罗（cicero）。现在的标准是桌面出版或 PostScript 点数（1 点 =0.3527785 毫米），它于 20 世纪 80 年代在桌面出版系统中出现。参见表 3。

点、句点

dot

电子墨 / 电泳液

electrophoretic ink, E-Ink

（笔画的）顶端

extreme

定制字体

custom font (bespoke font)

读音符号

accent

段落符

pilcrow

段首大写字母

initial capital

段首凸出

outdent

断行用连字

hyphenation

对齐空格

flush space

多基准字体

multiple master

斯卡廖内：这项技术由 Adobe 公司开发，将数字字体及字符的轮廓存为数字或数学方程式。因此，如果设计出最粗和最细的字符，就可以通过插值获得中间字重或风格的字体。

多用途型字体

versatile

法默：指的是通用于不同介质的字体，如印刷和屏幕显示。

e **二十四分之一空格**

hair space

f **负形**

counterform

复刻、覆刻、改刻

revival

小宫山博史：复刻（直接数字化，这是一个负面词，往往设计的效果并不好才用）；覆刻（微调后数字化）；改刻（对原有设计进行提升后数字化）

g **感叹号**

exclamation mark

干式转印纸

dry transfer sheet

干式转印字

rubbing type

黑体字母

black letter

古典罗马体

old-style roman

古典体

oldstyle

古罗马铭文大写字母

the monumental alphabets of ancient Rome

拐点（锚点类型之一）

corner

轨迹

ductus

用书写工具书写时留下的动线或路径

国际文字设计协会

Association Typographique Internationale, ATypI

国王罗马体

Romain du Roi

h **行间距**

interlinear space (interlinear spacing)

数字排版中，两行连续文本的基线之间的距离。

行间连续白空间

river

行距（铅字时代两行文字之间的距离）；铅条（在金属活版印刷中，是指两行活字之间插入的较宽的以点数为单位的软金属条）；行间距（数字时代，同 interlinear space）

leading

横画

crossbar

红色优乐诺的遮光菲林

red Ulano masking film

花式书写笔形

swash

米登多普：主要指起笔和收笔，即具有装饰性特征的延伸笔画或额外笔画。

换行

line break

绘制文字

（对字母或其他符号的独特绘制）

lettering

活版印刷

letterpress

j **机械型字体**

engineers' font

基础字

selection of character

基线

baseline

字母在水平排列时由底部产生的隐形的线，它相当于字体 x 高的底边。

基准字体

master

激光排版

laser typesetting

黄陈列："激光照排"概念在西方并没有对应词，西方只有 phototypesetting 和 laser typesetting 两个词，分别对应照相排版和激光排版。

极值点

extreme point (extremum point)

计算机直接制版

computer-to-plate, CTP

加大的（字距）

extra tracking, extra

尖头笔

pointed pen

交叉点，两个笔画相交的点

junction

浇铸铅版法

stereotyping

胶印 / 平版印刷

offset printing

角点

corner point

角分符号

prime

角秒符号

double prime

解构型（Destructive）字体，也叫垃圾摇滚风格字体。

grunge

紧排字母（铅字）

kerned letter

k **抗锯齿边缘优化**

anti-aliasing

可读性

readability

读者能够识别单词、句子和段落的程度。斯卡廖内：读者在阅读某种字体的过程中体验到的舒适程度。

空心字

inline

控制字符

control character

捆版线

page cord

扩展（型）
expansion

l **莱诺 / 莱诺整行铸排机**
Linotype
连接号
dash
连接号（半身）
en dash
连续缩进
running indent
连字
ligature
指两个字符结合而产生的位于一个字身框的字符轮廓。其中最重要的是 and 缩略号“&”、审美趣味性的如“ſt”、技术性的如“fi”，以及语音学或者语言学的如“æ”。
连字符
hyphen
（铅字）两行文字之间的距离与字高的相加之和
line spacing
六分之一空格
sixth space
罗马体（常规体、标准体）
roman (regular, normal)
一个字体家族中最常用的变体。该字体无倾斜，且粗细适中。它是构成连续文本的最常用且最适当的选择。它的名字通常不在字体的名称中，因为它是字体的主要或基本的风格。

m **锚点**
anchor
斯卡廖内：(在字体设计软件中) 可以强调（轮廓上）基本特征的参照点。
蒙纳 / 蒙纳单字铸排机
Monotype
模板字体
stencil
用模板印出的文字
模版字体
template font
（主要指西式）木活字
woodcut

p **排字、排版**
typesetting
排字工、排字机
typesetter
排字公司（或植字公司）
typesetting office
排字间
composing room
派卡
pica
平版（打样）印刷机
flatbed proof press
平移（型）
translation
以不改变笔画方向为特征
破折号（全身）
em dash

q **铅字的高度**
height to paper (type high)
前引号
opening quote
切点（锚点类型之一）
tangent
曲线（字符的曲线笔画。有时圆形的曲线被称为圆环或半圆环）；弧点（锚点类型之一）
curve
全角
fullwidth
全身
em
全身空格
em space

r **人文主义体**
humanist
指意大利和法国文艺复兴时期的字体设计风格，源自人文主义者的手写体。《文本造型》：在Vox-ATypI 分类法中，它们也被称为 Venetian 体或 Garalde 体。

s　**三分之一空格**

third space

sh　**上伸部**

ascender

字符轮廓中从 x 高向上延伸的笔画

上升式段首大写字母

raised cap

生成字

instance

基于一对基准字体由电脑自动生成的字符轮廓

省略号

ellipsis

视错觉溢出补偿

overshoot

梅塞格尔：一些字母设计得低于基线、高于 x 高或者大写字母，目的是弥补高度相同的圆形、三角形看起来要比正方形小的视错觉。

视觉的

optical

视觉矫正

optical compensation

手绘文字

hand-rendered lettering

手盘

composing stick

手写体（表示字体设计时）；脚本（表示计算机语言时，它是一个包含特定作用的简单程序的小文件，用以补充解释它的软件）；文种（Unicode）

script

手摇铸字机

hand mold

首行缩进

first-line indent

首字母

initial

书法

calligraphy

正规的书写体，现在可能作为装饰性和装饰物出现。（这里指的是西文）

书籍（正文）字体

book

书写活动

writing

以连续的方式写出字母或其他符号，并且不必特别注意它们的风格。

竖向笔画对齐

vertical alignment

数字 / 数目字

figure

数字 / 数目字（偏重构成数字的单元）

digit

数字 / 数目字（偏重数字的概念）

number

数字 / 数目字（偏重数字的数值或编号）

numeral

数字宽度空格

figure space

四分之一空格

quarter space

缩进

indents

缩写及所有格号

apostrophe

t　**铁盘**

gally

用于对排好顺序的一排或者多排铅字行进行文字设计的托盘，设计好的版面在铁盘上用绳子捆版固定。

铜模

matrix

程训昌：个人认为“母型”更准确，但是在行业内“铜模”已经是一个约定俗成的词汇，正如“印刷字体”从字面上看也不准确是一样的。

统一字体格式

Unified Font Object, UFO

图形符号

pictogram

w　**挖角**

ink trap

斯卡廖内：在笔画交叉点人为地拓宽空间，尤其是当笔画交叉的角度非常小的时候。印刷时，这些空间会留住多余的油墨，以使笔画交叉处线条分明，轮廓清晰。

外字

gaiji

陈永聪：日文词，也被称为额外的字符（external characters），一般指的是未编码的或用户无法输入的字符。

弯引号

smart quote

万能型字体

workhorse

法默：指的是可以应对小字号显示、低质量印刷和显示等不同条件的字体。

网点

halftones

网格

grid

在一定空间内，遵循规则构成元素的一种结构框架，适用于一个体系内的所有元素，例如一张字母表中的字符，或者一本书中的页面。在最终产品中通常不会看到网格。

网络开放字体格式

Web Open Font Format, WOFF

（广义）文字设计，（狭义）活版排印，印刷字体（根据上下文）

typography

1. 埃内斯特罗萨：将已有的字母——金属活字或者数字字体——用于图形化表达语言的形式。2. 用字体构成的艺术。3. 处理与字体相关的所有方面的学科。

文字设计的版面灰度

typographic colour

斯卡廖内：一段文字所生成的视觉明暗层次。

文字设计师、排版工人等（包含字体设计师）

typographer

无衬线或无衬线体

sans serif

（铅字时代）五分之一全身空格，（数字时代）六分之一空格或八分之一空格

thin space

x

西式活版印刷技术

the art of printing with moveable type

下标和上标

subscript & superscript

下沉式段首大写字母

dropped capital, drop cap

下伸部

descender

字符轮廓中从基线向下延伸的笔画

相邻的字面和字身的侧间距之和

fit

小批量字体

jobbing type

小写字母

lowercase (minuscule)

“lowercase”来自小写字母位于活版印刷字盘下半部分的位置。

小型大写数字

small capital numerals

与字体的小型大写字母高度相同且对齐的数字

小型大写字母

small capital, small cap

斯卡廖内：这些字母拥有大写字母的字形，却与小写字母的尺寸相近。它们用于首字母缩略词，用于强调或展示。当 all small caps 和 small caps 并置时，前者指的是大小写都转换成小型大写字母，后者指的是只将小写字母改为小型大写字母，大写字母不变。

小字号低解析度屏幕显示优化

hinting

梅塞格尔：用于提高屏幕上显示的分辨率或低分辨率的字符指令，并且由轮廓上节点的位置决定。

小字号字体

small text

斜体

oblique

斯卡廖内：拥有正体结构却倾斜的字体（非草书体）。

（这类斜体通常由机械自动生成。与意大利体相对。）

悬挂式段首大写字母
hanging initial

y **压凹凸法**
debossing
烟熏校样
smoke-proofs
延伸部
extenders
包括上伸部和下伸部

样本，字体样本
specimen
样本词
sampling word
页边空白（页边距）
margin
页面描述语言
Page Description Language, PDL
（铅字时代）一副铅字；（数字时代）一套字体（带有品牌描述时是字库，通常是复数）
font
字体（font）是字体家族中可出售的最小的完整单元。在数字印刷字体中，这是一个数字文件，它包含了一个字体家族的一个变体的数据，并存以一种特定的格式，如 OpenType、PostScript Type 1、TrueType。

意大利体
italic
与罗马体的形式和结构不同的变体，通常具有一定的自然、有机的倾斜，使人们想起快速的书写动作。

易读性
legibility
特定字体中字符轮廓的可识别程度。尽管在这方面已经有大量的研究和科学实验，但还没有任何一个量化指标是有说服力的，因此它仍然是一个主观参数。

引号
quotation mark
印散件的印刷工人
jobbing printer
（字母、符号）印字传输系统
Letraset
由笔画形成的开合度
aperture
圆盘机
platen press
栅格化
rasterizing

zh **标题字体**
display
通常具有较大的字号

长体或窄体
condensed
字体家族中的变体。与常规体相比，其占用更少的横向空间。

照排机
phototypesetter
照相排版（简称照排）
photocomposition
折手
signature
正文（字体）
text
正文不等高数字
oldstyle figure (old style figure)
正文不等高数字
proportional oldstyle
正文等高数字
lining figure
正文等高数字
proportional lining
直引号
dumb quote
纸型
papier-mâché slab
中间带斜线的 0
slashed zero
中欧字符集
Central European, CE
铸条
slug
铸字
casting
铸字厂商或字库厂商
foundry

销售或生产字体的行业，这个名称源于旧时生产金属活字的工厂。

装饰笔形

flourish

米登多普：主要指笔画中段艺术处理

装饰符号

dingbat

桌面出版

desktop publishing, DTP

z **字冲、冲孔**

punch

字冲雕刻师

punchcutter

字符

character

字体中的字母、数字、空格、标点符号或其他符号。

刘钊：character 很容易和 glyph（数字时代）字符轮廓混淆，一个 character 可以有很多个 glyph，前者是字，后者是形。在 OpenType 技术下，两者区别很大。

姜兆勤："字符"概念通常不包含写法和设计风格的信息，而"字符轮廓"的概念均包含。

字符集

character set

（某一字体所支持的）全体字符

（数字时代）字符轮廓，简称数字轮廓

glyph

斯卡廖内：字符是一个概念单位，而"（数字时代）字符轮廓"则是图形表现形式。例如，代表拉丁字母的大写字母"A"的数字轮廓，也可以代表希腊字母的大写字母"A"。

姜兆勤：以字身框为单位的 glyph 来自铅字时代，在数字时代通常体现为填充后的字符轮廓，glyph 是带设计风格的图案信息，在数字时代体现为轮廓信息，在铅字时代体现为形体信息。GB/T 9851.2-2008《印刷技术术语 第 2 部分：印前术语》4.31 译为"字符轮廓"。

字符面板

character palette

字符映射表

character map

字干

stem

程训昌：字干可以是直线也可以是曲线。

字号，也写作 type size

size

字间距

spacing

字肩

shoulder

字体构造中，与字母（如"n"、"r"和"u"）中的竖画连接的横向有弧度的笔画。

字距

tracking

（活字）字面和字身的侧间距

sidebearing

每个字符的横向空间

字母 ß（ss 的合字）

eszett, ß

字偶间距

kerning

梅塞格尔：特定字符对之间专有的字间距。

埃内斯特罗萨：在很多情况下，相邻字符间的空间不能实现最佳的字符间距，所以就需要一系列必要的调整。

字偶间距参数

metric kerning

字腔

counter

字符轮廓内部的白空间，它可以是开放或者封闭的空间。

字腔之字腔字冲

counter-counterpunch

字腔字冲

counterpunch

（铅）字身

body

一个字符轮廓的垂直尺寸，以欲雕刻的字符轮廓的矩形或正方形铅块为大小，不管字形如何或呈现于何种介质。它包含了字符轮廓及其周围的白空间。一般来说，它以活版排印的点作为测量单位。

字身框

bounding box

字身字面之间的区域

free zone

字体

type

字体

typeface

字体标题

font header

斯卡廖内：字体代码中包含的能与操作系统和桌面出版应用形成功能链接的信息。例如，它出现在字体菜单中的确定名称。

字体参数

font metrics

字体混合生成器

Font Remix Tools

字体家族

font family (typeface family), family

根据共同的、正式的标准设计，并且按照一个通用的名称分组的所有变体形式的字符集合的系列字体。

字体设计师

type designer

字体设计总监

type director

字体子集

subset

字头

flag

例如 f 的右上角

字碗

bowl

字形（字母形式或形状）

letterform (lettershape)

程训昌：设计语境下，letterform 的“字”并不能指“字符”，因为有的字符（空格）没有形。

姜兆勤：编码语境下，是可见字符的抽象的显现形式，主要包含的是写法信息，一般不包括具象的设计风格信息。

字重

weight

指字体的笔画粗细。详情见表 2。

表 2
字重术语

半粗体	semi bold (demi bold)
常规体	regular or normal
超粗体	black
超细体	thin
粗体，一个字体家族中的变体，比罗马体粗	bold
更粗体	extra bold (ultra bold)
更细体	extra light (ultra light)
极粗体	heavy
极细线或者极细体，也表示衬线字体中最细的笔画	hairline
细的或者细体（如果指代字体，它是一个字体家族中的变体，笔画要比常规体的笔画细一些。）	light
中间体	medium

表 3
字号术语

八点	Brevier, Brevier size
二十八点	Double English
二十点	Text Secunda
二十四点	Double Pica
九点	Bourgeois
六点	Nonpareil
七点	Minion
十二点	Cicero
十二点	Pica
十四点	English
十一点	Small Pica
四点	Brilliant
四点半	Diamond
五点	Pearl

谨向以下对术语翻译无私地提出宝贵意见的专家们表示感谢（按照中外专家姓名拼音输入法顺序分组排列）：

弗莱德·斯梅耶尔斯（荷兰）、何塞·斯卡廖内（阿根廷）、黄陈列（美国）、克里斯托巴尔·埃内斯特罗萨（墨西哥）、劳拉·梅塞格尔（西班牙）、杰瑞·利奥尼达斯（希腊）、罗宾·金罗斯（Robin Kinross，英国）、罗伯特·布林赫斯特（加拿大）、宋乔君（Sérgio Martins，葡萄牙）、王敏（美国）、韦罗尼卡·布里安（德国）、小宫山博史（日本）、扬·米登多普（荷兰）、约书亚·法默（Joshua Farmer，美国）

陈其瑞、陈嵘、陈慰平（中国香港）、陈永聪、蔡星宇、程训昌、杜钦、冯小平、郭毓海、黄克俭、黄晓迪、姜兆勤、梁海、林金峰、刘钊、罗琮、齐立、仇寅、苏精（中国台湾）、孙明远、谭达徽、谭智恒（中国香港）、汪文、吴帆、邢立、杨林青、张暄、张文龙、朱志伟

译后记

字体设计从谷登堡发明现代西式活版印刷术开始，一直追随着技术的发展，活版印刷、照相制版、数字时代……随着网络时代智能载体的普及，人们迅速适应了从纸媒向电子媒体的跨越。近年来，社交媒体中的短视频更是已渐渐沁入传统的静态电子传播方式，成为主流。字体伴随文字在数字媒体时代得到了蓬勃的发展，定制项目的市场越来越大，小文种、小语种项目也开始萌芽。字体设计一举成为高度发展的产业，字体也呈现出它应有的面貌：跨越社会、经济、技术和美学的综合学科。所以何塞·斯卡廖内认为，字体设计师需要终身学习，不断地追赶技术发展的脚步。当文字的载体、阅读的媒介从传统书籍进化为电脑屏幕，甚至手机屏幕，尺度的变化、比例的变化、媒介的变化导致文字的功能、美学一直处于动态的变化中，这些问题可能是每一位设计师都要面对的。设计师如何在新的语境下找到设计的解决方案？当企业、大众对字体的态度渐渐从集体无意识转变为重视文字的表现、版权意识提高的时候，如何针对不同的客户和大众进行设计？彩色字体、可变字体、动态字体和算法设计等概念依托字体产品渐渐被普及。

今天，企业已经开始购买字体、启动字体的定制，考虑纯西文字体或者全球字库的项目。毫无疑问，字体成为企业识别设计的一部分和增强海外竞争力的助力之一。同样，反观个性化的字体，每个人拥有一套自己的手写字体的想法已经可以实现。个性化字体已然成为增长最快的快消文化之一，并与时尚领域和

B2C 业务形影不离。中国字体行业正在迎来前所未有的市场增量期，除了老牌的大型字库厂商，中小型厂商和独立设计师也有了立足之地。字体比赛、活动和展览此起彼伏，字体极客的线上、线下活动如火如荼，字体与其他领域的跨界也有成功案例。在学术界，“文化复兴”和信息化成为共识，汉字具有文化属性，也是信息传播的载体，自然成为重要的研究领域，越来越多的设计院校使字体设计回归主流教学。在突如其来的新冠病毒流行期间，所有人都在或主动或被动地密切接触和沁入数字的世界。在传统的线下经济、文化活动等全部停止的同时，线上活动的活跃度却很高，字体在其中承担了重要的信息承载、交流和数据统计等工作，其作用凸显了出来。

字体设计师和从业者在字体市场高度活跃和时尚字体快速迭代的环境中，不得不加快了行进的速度，疲惫不堪。我们不禁有这样的疑问，什么是字体万变不离其宗的本源？什么又是可以强调的个性化和反映设计诉求的方面？在现代西式活版印刷术开始的时候，字体是怎样被制作、设计和审视的？这些对当下有什么现实意义？字体的未来之路将走向何方？在学术界，这些追本溯源的问题一直没有深入的解答。由于种种历史原因，国内的文字设计的基础性研究不受重视，字体设计普遍偏重字形的设计，很多字体设计教学或依托老式教材，或依托个人经验，相当随意。这导致很多问题无法从更高的学理层面被认知。显然，我们需要关于字体设计的基础性的、研究型的书籍。可喜的是，已经有很多文字设计领域的优质图书得以出版或被引进，这套“文字设计译丛”显然也是其中重要的成员。

“文字设计译丛”的书单是利奥尼达斯教授亲自遴选的，

这套丛书的引进开启了以英国雷丁大学为代表的西方字体设计学术界进入中国的大门，将会对中国的相关学术研究和高质量的商业项目产生影响。因为种种原因，书单被切分成了几套丛书，最开始的两本《文本造型》和《从草图到屏幕：如何创作字体》已经陆续出版并加印。《文本造型》深入浅出地介绍了文字设计，以及与其相关的学术领域和历史发展；《从草图到屏幕：如何创作字体》专注于字体本身，全面解析了字体设计的方法和行业中存在的问题。从《字腔字冲：16 世纪铸字到现代字体设计》开始，我们荣幸得到路倩老师的支持，开始了与北京大学出版社的合作。这本书的书名可能会让人产生一种陌生感。确实，“字腔字冲”技术从来没有被引进中国，所以这本书的书名一开始是有争议的，但是我和两位审校者讨论后，还是坚持保留书名中这个全新的术语，目的就是向中国介绍这个陌生的西方字体的制作技术。

疫情带给大家的不仅仅是生活的不便，相信也有心理上的影响，这本书的翻译过程也一波三折。有幸我在敬人纸语的 GTi 课程上结识了现在的第一译者税洋珊，邀请她加盟，这才有了目前这本书的雏形。翻译仍然很有挑战，“字腔字冲”的概念在中国就没有被引进过，理解它对每个人来说都是有困难的；有的词语比如“烟熏校样”，我需要亲自去和英文版编辑、作者沟通。我们对全书的概念都进行了细致的梳理。有了之前的审校经验，我对译文的基本要求是表达要准确，这对工具书来说是最重要的。为了更好地保证这一点，我邀请了我在美院的毕业生程训昌（获得雷丁大学字体设计专业硕士学位的第一位大陆学生，目前博士在读），以及在编码和数字方面很专业的姜兆勤参与审校。

我很感激他们的加入，并为此投入了大量时间和精力。我相信我们对这本书的内容的解读是相对严谨和准确的。

这套丛书附加的一个重要的内容就是术语表。术语表的建构是字体设计中外学术研究和交流的基础，同时可以帮助我们改进对西方文字设计的认知。本书列出了所有对“百家衣”一般的术语给过建议和帮助的国内外字体界专家和朋友的名单，对他们的大力协助表示感谢。我们在几本书的出版过程中不断地修正和升级术语表，一是方便大家对照查找资料和文献、检索文章等，二是希望更多的研究者能给我们提出宝贵意见。我们将兼收并蓄，对错误进行及时修正，让术语表越来越壮大和规范，成为行业术语的标准。本书的术语表经过程训昌、姜兆勤和我的反复讨论和修正，我们删掉了其中不属于字体行业的术语和普通词汇，增加了新的术语，有一些术语并不全是本书提到的，但是对大家的学习有帮助。另外，我们单独把字重和字号列出来，归类进行呈现；还增加了中文检索英文的功能，以方便大家查找资料和英文翻译。对术语的考证和讨论竟然让人痴迷，因为术语背后所展现的是与字体相关的某个方面，对其进行探索可以提升我们对字体设计的整体认知。经过及时的更新和严谨的论证，一套相对完整的行业术语终于有了基本的样貌，令人欣慰。

最后，我要特别感谢以下单位、机构和个人的支持。特别感谢雷丁大学、中央美术学院和国际字体协会；感谢利奥尼达斯教授不但亲自遴选了整套书，还深度参与了国内的字体设计教育（GTi 课程）、论坛和商业项目；感谢学术顾问及编委会专家对这本书的大力支持，特别是谭平教授、王敏教授、周至禹教授和仇寅老师给予的帮助。感谢马修 · 卡特、杰瑞 · 利奥尼达斯教授、王敏教授、许平教授、刘晓翔先生、王子源教授和仇寅老师为本书精心撰写的推荐语，相信各位专家的诚意推荐将有助于读者更深入地理解这套书。感谢译者税洋珊、滕晓铂，感谢翻译公司的刘立女士，没有她主动、耐心的督促，这本书将无法出版。感谢路倩老师对这套书开放的态度和耐心、细致的工作。感谢方正字库赞助了这本书的部分出版经费，并提供了正版用字；感谢TypeTogether字库字体免费授权给我们，使得这套书从内文到封面都拥有高水准的中西文字体。感谢设计师刘晓翔老师和XXL Studio对丛书的整体设计。最后，我希望中国每一位喜欢文字设计的朋友都能拥有这本书，它将通过拉丁字体带你进入字体设计的世界。这套书的推出既是一种担当，又是一份责任。希望“文字设计译丛”配合文字设计系列学术活动和教育项目等，助力中国营造文字设计的良性生态环境。

2020年9月17日

于北京来广营

著作权合同登记号　图字：01-2019-0427

图书在版编目（CIP）数据

字腔字冲：16 世纪铸字到现代字体设计 /（荷）弗雷德 · 斯迈尔斯著；税洋珊，刘钊，滕晓铂译. —北京：北京大学出版社，2021.6

(文字设计译丛)

ISBN 978-7-301-32194-2

Ⅰ. ①字… Ⅱ. ①弗… ②税… ③刘… ④滕… Ⅲ. ①铸字—印刷字体—设计—西方国家 Ⅳ. ① TS811

中国版本图书馆 CIP 数据核字（2021）第 098003 号

Counterpunch: Making Type in the Sixteenth Century, Designing Typefaces Now
by Fred Smeijers
First published by Hyphen Press, London, in 1996.
Second edition published by Hyphen Press, London, in 2011.

书　　名	字腔字冲：16 世纪铸字到现代字体设计
	ZI QIANG ZI CHONG: 16 SHIJI ZHUZI DAO XIANDAI ZITI SHEJI
著作责任者	[荷] 弗雷德 · 斯迈尔斯（FRED SMEIJERS）著
	税洋珊、刘钊、滕晓铂 译
责任编辑	路倩
书籍设计	XXL Studio 刘晓翔 + 彭怡轩
标准书号	ISBN 978-7-301-32194-2
出版发行	北京大学出版社
地　　址	北京市海淀区成府路 205 号　100871
网　　址	http://www.pup.cn　新浪微博：@北京大学出版社
电子信箱	pkuwsz@126.com
电　　话	邮购部 010–62752015　发行部 010–62750672
	编辑部 010–62707742
印 刷 者	北京九天鸿程印刷有限责任公司
经 销 者	新华书店
	965 毫米 × 1300 毫米　32 开本　8.25 印张　203 千字
	2021 年 6 月第 1 版　2021 年 6 月第 1 次印刷
定　　价	86.00 元